海上石油作业
安全救生

应急管理部海油安监办石化分部 编

中国石油大学出版社
CHINA UNIVERSITY OF PETROLEUM PRESS
山东·青岛

图书在版编目(CIP)数据

海上石油作业安全救生 / 应急管理部海油安监办石化分部编. --青岛 ：中国石油大学出版社，2023.12
ISBN 978-7-5636-7744-3

Ⅰ. ①海… Ⅱ. ①应… Ⅲ. ①海上石油开采—安全生产—基本知识 Ⅳ. ①TE58

中国版本图书馆 CIP 数据核字(2022)第 247183 号

书　　名：海上石油作业安全救生
HAISHANG SHIYOU ZUOYE ANQUAN JIUSHENG
编　　者：应急管理部海油安监办石化分部

责任编辑：杨　勇(电话 0532-86983559)
责任校对：韩　斌(电话 0532-86983560)
封面设计：赵志勇

出 版 者：中国石油大学出版社
(地址：山东省青岛市黄岛区长江西路 66 号　邮编：266580)
网　　址：http://cbs.upc.edu.cn
电子邮箱：zyepeixun@126.com
排 版 者：青岛天舒常青文化传媒有限公司
印 刷 者：山东顺心文化发展有限公司
发 行 者：中国石油大学出版社(电话 0532-86983560，86983437)
开　　本：787 mm×1 092 mm　1/16
印　　张：13
字　　数：313 千字
版 印 次：2023 年 12 月第 1 版　2023 年 12 月第 1 次印刷
书　　号：ISBN 978-7-5636-7744-3
定　　价：70.00 元

编审人员名单

主　　编　朱可尚

副 主 编　沈祥民　郑立新

参编人员　（按姓氏笔画为序排列）

王胜利　王遇合　李慧华　陈炳祥

金　敏　曹姣姣　魏一戈　魏常存

参审人员　（按姓氏笔画为序排列）

王　松　王　晶　刘建华　李伯群

邹　伟　宋　华　宋宁军　张友礼

张明东　陈忠恒　庞元平　赵　刚

胡震亮　柳　毅　夏莉莉　程东东

前言

Preface

海洋石油勘探开发是世界上公认安全风险大的行业之一。海上石油开发环境条件恶劣，受到海洋环境和空间限制；海上油田发生安全事故，救援难度大，人员和财产损失大，造成的环境破坏大，甚至导致巨大的环境灾难。综合分析，海洋石油勘探开发具有技术含量高、施工难度大、作业环境恶劣、活动空间受限、远离陆地及救援和逃生困难等特点，这就要求海上作业人员具备较强的安全意识和较高的技能水平。为了增强出海作业人员的安全意识，提高出海作业人员海上安全救生能力，确保人员生命和财产安全，应急管理部海油安监办石化分部牵头，中国石化石油工程公司培训中心组织具有丰富培训教学经验和海上实践经验的专家编写了本书。

本书依据《海洋石油作业人员安全培训要求》(SY 6608—2020)编写，参考了现有海上培训教材，紧密结合现场实际，侧重实用性、针对性和有效性，具有权威、系统、实用的特点，图文并茂，易于学习、理解，不仅是出海作业人员培训学习的专用教材，亦可作为学习海上安全救生知识的参考资料。

本书由海上求生，海上平台消防，救生艇、筏操纵，海上急救，直升机遇险水下逃生五部分组成。海上求生部分由魏常存编写；海上平台消防部分第一至第三章由李慧华编写，第四至第七章由陈炳祥编写；救生艇、筏操纵部分第一和第二章由王遇合编写，第三至第六章由王胜利编写；海上急救部分第一和第二章由金敏编写，第三和第四章由曹姣姣编写；直升机遇险水下逃生部分第一和第四章由魏常存编写，第二和第三章由魏常存、魏一戈编写。在本书编写过程中，得到了石化胜利监督处、胜利油田分公司、胜利石油工程公司的大力支持，在此一并表示感谢！

由于编者水平有限，书中出现不妥之处在所难免，请广大读者提出宝贵意见。

编　者

2022 年 12 月

目录

Contents

第一部分　海上求生

第二部分　海上平台消防

第三部分 救生艇、筏的操纵

第四部分 海上急救

第五部分　直升机遇险水下逃生

第一部分

海上求生

海上求生基本知识

第一节　海上求生概述

一、海上求生的概念

在海上遇险情况下，利用海上救生设备，运用海上求生知识和技能，把所遭受的困难和危险降至最低，延长遇险人员在海上生存的时间，增加获救机会，直至最后获救脱险，称为海上求生。

二、海难的种类及特点

（一）海难的种类

海上可能发生的海难有很多种，常见的有火灾、碰撞、爆炸、沉没、人员落水、人员中毒、井喷、硫化氢中毒与腐蚀、热带气旋（台风、风暴潮）、海冰、被水围困、直升机坠海等。

（二）海难的特点

（1）海上危险环境威胁遇险人员生存环境，尤其是落水人员的生存受到气温、水温和海洋生物的威胁。过低的海水温度会使落水者丧失意识，失去生命。

（2）海难救援困难、复杂，而且投入的救援力量可能涉及不同部门和组织，救援指挥复杂，协调不佳可能导致海难救援的延误和遇险人员生命财产的损失。

（3）救援工作受海况气象条件影响大。天气情况直接影响到海上的能见度和对落水者的搜救。海上能见度较好的情况下，肉眼可以发现 2 n mile 外的救生筏和 1 n mile 外的落水者。而遭遇恶劣天气或夜间，即使是具有照明设施的救援船也只能搜救至 200 m 左右。

（4）海上医疗救治转运困难大，海上的医疗设备、力量相对较弱，许多伤员要安排转运。受救援力量和海难位置的限制，当距离陆地较远时转运比较困难。

（5）海难救援对援救器材依赖大。海难救援的各个环节都需要各种先进的器材，如救生设备，通信、运送、搜救、医疗设备等。

三、世界重大海洋石油事故

历史上曾发生多起海洋石油重大事故，均造成了严重的人员伤亡和财产损失。表 1-1-1 中为 6 起重大海洋石油事故。

表 1-1-1　6 起重大海洋石油事故

时　间	海　　难	损　失
1979 年 11 月 25 日	中国渤海 2 号钻井船由拖轮拖带迁移井位，航行途中遇 10 级狂风导致倾覆沉没	除 2 人得救外，其余 72 人全部遇难
1980 年 3 月 27 日	挪威亚历山大·基兰号钻井平台在北海遇 9 级风暴倾覆事故	成功救活 89 人，123 人遇难
1982 年 2 月 15 日	在加拿大纽芬兰近岸油田作业的美国海洋徘徊者号钻井平台遭遇速度高达 190 km/h 和浪高 20 m 的飓风，被刮翻沉没	84 人全部遇难
1983 年 10 月 25 日	美国爪哇海号钻井船在中国南海被风力达 12 级的强台风刮翻沉没	中外籍人员共计 81 人全部遇难
1988 年 7 月 6 日	英国派珀·阿尔法号钻井平台突然发生连环大爆炸，上百万吨重的采油平台随即沉入海底	167 人失去了生命
2010 年 4 月 20 日	英国石油公司租赁的深水地平线号钻井平台发生爆炸并引发大火，大约 36 h 后沉入墨西哥湾	11 名工作人员死亡

四、海上求生训练的目的和意义

虽然随着海洋石油事业不断发展，海上装备技术越来越先进，但由于一些人为的失误或自然灾害，海难事故仍时有发生，给人员生命和财产造成了巨大的损失。据不完全统计，80％以上的海上事故是人为因素造成的。因此，海上石油作业人员都必须接受严格的海上求生训练，使自身具备以下能力：

（1）掌握各种救生设备及各种属具的正确使用方法。

（2）熟悉弃平台（船）时应采取的措施。

（3）熟悉和掌握漂流待救中的求生知识和技能。

（4）熟悉被救助的方法及注意事项。

（5）求生意志坚强，生存信心十足。

通过海上求生训练，使每个受训者提高海上求生的各种技能，增加获救机会。

第二节 海上求生要素与原则

一、海上求生的基本要素

发生海难,海上人员利用救生设备进行海上求生,直至救援船舶或飞机赶到救援脱险,或自救成功。在这样一个求生过程中,必须具备一定的求生条件即海上求生要素。

海上求生要素包括救生设备、求生知识和求生意志。

(一) 救生设备

救生设备是海上求生的第一要素,主要包括救生艇、救生筏、救生衣、救生圈、救生信号、应急无线电通信设备、救生抛绳设备等。

在浩瀚的大海上,救生设备是帮助遇险人员延长生存时间,保障生命安全的重要因素。丢开这些设备,无谓的体力消耗就等于缩短生命。据统计,如果具有救生设备,则有94%的获救概率。由此可见,有了救生设备,生存机会就会大大增加。

(二) 求生知识

求生知识包括:救生设备的使用方法;紧急情况下应采取的措施;弃船后的行动和求生要领;被救助时的行动等。求生知识是海上求生能否获救的基本条件。

(三) 求生意志

在海上求生过程中,求生者的生存环境极其恶劣,会面临各种困难,求生者获救的时间往往比想象的要长得多。求生者除了必须具备必要的救生设备与求生知识外,还必须有顽强的求生意志、坚定的求生信念和毅力,经得起饥饿、寒冷、口渴和伤病的考验,克服绝望和恐惧心理,否则很难存活下来。国内外许多经验证明,如果求生者听从命运的摆布,那么死亡很快就会降临。意志力量有时比身体素质更为重要,求生者在任何时候都不能放弃获救的信念,直到脱险获救。

海上求生的3个要素是互相联系的有机整体,必须同时具备才最大可能坚持到获救。

二、海上求生的基本原则

海上求生过程危险、复杂、漫长,要想坚持到最后获救,必须遵循求生的基本原则。海上求生的基本原则包括自身保护、待救位置、淡水与食物的食用。

(一) 自身保护

海上遇险求生,首先应注意的是如何做好自身保护。

不论在热带海面或寒冷气候中都要避免暴露,杜绝不必要的行动。

在夏季或热带海区,强烈的太阳光直射,会引起中暑或日晒病,如果长时间暴露在太阳之下人体就会严重失水，且一旦失水又会引起一系列不良反应，后果十分严重。

同样，在寒冷环境中，防寒极其重要。暴露在寒冷环境中，尤其在冷水中会使人体温度迅速下降，此时身体散失的热量多于体内产生的热量，医学上称之为过冷现象，意思是说人体的核心温度即心脏温度降到 37 ℃以下，如体温继续降到 35 ℃即可能产生失温，再下降到 26～24 ℃时就会发生死亡。原因是此时人的大脑和心脏已受到严重损害，无法恢复。统计数字表明，海上遇险者由于低温而冻死的人数不少于溺水者。

（二）待救位置

事故发生后，应立即使用卫星应急无线电示位标发出求救信号；或用无线电收发机将遇难地点和时间以求救电码的形式发出，为接收到该电文的就近援救组织、过路船舶或飞机指明准确位置。在未知能否马上获救的情况下，应逗留在原出事地点附近，并在做好自身保护后采取下列措施：

1. 停留在现场附近

弃设施后，应尽可能停留在遇险位置附近 400 m 左右的安全水域，不可轻易离开现场。因为救援者是根据所收到电文中提供的位置，加上风、流的影响进行搜救的。

2. 集结

将附近的救生艇、筏和落水人员集结在一起，以扩大目标，便于援救者搜索发现，且能互相照应，增强信心。此时救生艇、筏还应及时放出海锚以减小漂流距离。

3. 使用帮助发现位置的设备

利用配备的无线电设备不断发出求救信号，救援人员则可通过无线电搜救设备知道准确位置。

亦可利用日光信号镜反射日光，以引起搜索者的注意。还可使用应急无线电示位标。应急无线电示位标为自浮式和双频道的，能在 48 h 内连续不间断地发出遇险求救信号。使用时，只需用一条绳索把它拴在救生艇、筏旁边即可。

施放烟火信号。使用时应注意掌握时机，应在已经确定看到飞机或其他船只就在附近时方可施放。

（三）淡水与食物

淡水与食物是维持求生者生命必不可少的基本物质。比较起来，淡水又比食物更为重要。

实践表明人类在缺乏食物的情况下，如能有适当的淡水补充，仍可能生存 30～50 天。但如缺水则仅能维持数天。因为水是人类生存必需的物质，如果失去 1/5 以上的体液（即失水超过体重的 12%）就会死亡。所以说，淡水是生命的第一需要。

海上求生，要合理分配使用有限的淡水和食物，积极搜寻食物和淡水，尽可能延长淡水和食物的供应时间。

研究表明，人每天饮水量以 0.5 L 为维持活命的最低限度。

海上求生主要威胁

第一节　溺　水

一、溺水的原因

求生者落入水中，首先遇到的威胁是溺水问题。溺水是指人员落入水中后，由于气管内吸入大量水分阻碍呼吸，或因喉头强烈痉挛，在短时间内引起呼吸道关闭而导致死亡。

溺水致死有2种情况：干性溺水和湿性溺水。干性溺水是指人溺水后，其喉头肌肉痉挛，因而气道闭塞，导致窒息死亡。干性溺水发生率为10%～20%。湿性溺水是指人在溺水后，大量的水分进入人体肺部，导致窒息死亡。海水为高张液体，其渗透压为血液的3～4倍。海水进入肺部，不但不能被循环系统吸收，反而使血液中的水分大量吸入肺气泡内，致使全身血量减少，血色素浓度增高。同时造成肺气泡肿胀而丧失气体交换功能，导致缺氧，进而窒息死亡。湿性溺水发生率为80%～90%。

溺水的原因很多，归纳起来有以下几个方面：

(1) 心理原因。

因害怕而紧张，甚至惊慌失措，动作慌乱，肢体僵硬而导致溺水。

(2) 生理原因。

体力不支、抽筋等导致溺水。

(3) 技术原因。

游泳技术不佳、未穿救生衣等。

二、防止溺水的措施

(一) 尽快登上附近的救生艇、筏

求生者应根据海面风和海浪情况，选择合适的泳姿尽快离开遇难位置，及时登上附近的救生艇、筏。

（二）尽快寻找漂浮物

如果周围没有救生艇、筏，应努力找到并抓住大块的漂浮物，并保持身体放松。

（三）采取仰浮姿势

落入水中后，如果能够保持正确的漂浮姿势，溺水的危险就可以降到最小。由于海水的密度稍大于人体的密度，根据物理学原理，人体自身受到的浮力基本能保证其漂浮于海面上。

当人竖直立于水中时，人的头顶不会露出水面。此时如果再通过手脚动作，产生一点向上的外力，就可以让人的脸部露出水面。当人希望仰浮于海面上时，可通过挺起腹部，伸展四肢，同时通过控制呼吸，可以保持脸部始终露出水面。

采用仰浮姿势漂浮，可以保持人员脸部露出水面，呼吸方便，且消耗体力最少。

（四）水中漂

如果海面波涛汹涌无法保持仰浮待救，则可以转动身体使脸朝下浮在水中。这种防止溺水的方法也称作水中求生的方法，它基于肺内注入气体时人体产生的自然浮力。其目的在于保持人员在水面长时间生存，甚至包括那些穿着全套服装不会游泳的水中人员。防止溺水的方法可以节省水中漂浮人员的体力，而长时间采用防止溺水的方法比通过游泳保持漂浮的方法更容易。

这种方法可以分为如下四步：

(1) 放松体位。

求生者深吸一口气，然后沉入水面以下。保持面部朝下，脑勺浮于水面。

(2) 呼气。

准备下一次呼吸时，慢慢抬起双臂至与肩同高，双腿慢慢分开做类似剪刀并蹬水。抬头使嘴刚好露出水面，经鼻子、嘴或者二者一起呼气。

(3) 吸气。

抬头吸气，同时向下摆动双臂，双腿并拢。

(4) 恢复至放松体位。

（五）利用衣服自制临时浮具

对于水中的求生者，如果没有任何漂浮物或者救生衣，则可以尝试利用上衣、裤子、袋子等制成临时浮具漂浮待救。

（六）抽筋自救

人在水中活动时，可能因肌肉受到刺激而突然发生强直性收缩，造成肌肉痉挛（也称为肌肉抽筋）。由于肌肉痉挛会妨碍求生者继续游泳，因此容易引起求生者产生恐惧心理，进而危及生命安全。为避免发生这种情况，求生者应注意使肌肉放松和不断地变换游泳姿势。

一旦出现肌肉痉挛，必须大声呼救，设法得到其他人的帮助。如果周围没有其他人，也不必惊慌失措，应始终保持冷静，通过水中自救的方法，保证生命安全。发生肌肉痉挛的常见部位是手指、手掌、脚趾、小腿、大腿和腹部等部位。无论肌肉痉挛发生在什么部位，都应及时采取拉长肌肉的方法进行自救，否则容易出现危险。

(1) 小腿前面肌肉痉挛解除法。当小腿前面肌肉痉挛时，先用一只手抓住脚趾，尽量向下压，借以对抗小腿前面肌肉的强直收缩，使其得到缓解。

(2) 小腿后面肌肉痉挛。小腿后面肌肉是最常见且多发痉挛的部位，解决方法是先用一只手按住膝盖，另外一只手抓住脚底或脚趾做勾脚动作，并用力向胸前方向伸拉，反复做几次以后放松片刻，肌肉痉挛部位就可以得到缓解。

三、救助落水人员

发现落水者在水中发生危险时，应考虑采取水中施救的方法救助。

(一) 水中救助程序

(1) 入水。

(2) 接近。当游近落水者时，由后面或侧面接近落水者，避免正面被搂抱的危险。

(3) 控制。迅速控制落水者双手，防止其乱抓、乱拽、乱压，将其头部露出水面，保证其呼吸顺畅，并大声呼唤其配合救助。

(4) 施救。在整个施救过程中，应始终保持落水者头部露出水面，使其呼吸顺畅，并迅速寻找、获取可利用的救生器材或浮具，积极帮助落水者使用救生浮具，如套上救生圈、穿上救生衣或使用其他救生浮具。

(5) 拖带。拖带落水者，采用侧泳或仰泳较适宜。拖带时应注意，救助者和落水者的口鼻必须露出水面。同时，应防止落水者强行挣扎，应使其保持清醒、冷静，配合救助行动。

(二) 直接入水救助原则

在救助落水者过程中，一般不提倡直接入水救助。因为使用器材救助，会更直接、更快速、更简便。而且直接入水救助，施救者自身也面临危险。特别在环境恶劣或施救者自身游泳水平比较差的情况下，采取直接进入水中救助，不但难保救助成功，而且还会使施救者自身处于危险之中。因此只有当具备下列条件时，方可采取直接入水救助：

(1) 施救者自身安全能得到保证。

(2) 施救者必须具备一定的救助能力。

(3) 视落水者的情况：① 落水者不能在水面漂浮或生命面临危险；② 落水者神志不清或丧失意识；③ 落水者受伤。

第二节 低温水

有人认为海上求生者丧生的主要原因是溺水或饥饿。但大量的事例证明，海上求生者丧生的主要原因是身体暴露在寒冷的水中，特别是落于低温水中，即落水者所遇到的最大危险是通常所说的过冷现象。

一、过冷现象

研究证明，水的导热能力比空气的大 26 倍。因此，落水者若未能及时登上救生艇、筏，身体暴露在低温水中，使身体热量散失而出现低体温现象，即通常所说的过冷现象，是海上求生者丧生的主要原因。

二、过冷现象的症状

这种在短时间内很快就被冻死的原因是人体体表的隔热能力很小，而水的导热能力很大，因此这种隔热(产热)与导热(散热)之间的关系，使人们需要注意防寒保暖，即保持体温。人体的正常体温是 37 ℃，而在低于 20 ℃的寒冷环境和海水之中，人体的散热量将大于产热量，如不及时采取措施，则体温将会继续下降，而在低温水中人体最容易受到伤害的器官是大脑和心脏，使血液循环受到干扰。

当体温下降到 35 ℃以下时，人就会患“低温昏迷”。

当下降到 31 ℃以下时，就会失去知觉，出现瞳孔放大。

当体温下降到 30 ℃时，虽不能确定死亡，但大概率无法回暖复苏，即可能死亡。

当体温下降到 28～30 ℃时，出现血管硬化。

当下降至 24 ℃时，肯定死亡。

虽然低温水域对人体能产生直接的危险和威胁，但并非不能解决。实践证明落水者体温下降的速度主要取决于水温、穿着的衣服和自救方法。完全湿透并紧贴身上的衣服虽然其导热性和水的导热性相差无几，但却能大大延缓体温下降。因为落水者身体表面与衣服之间是一层较暖的水，而衣服又能阻止这层暖水与周围冷水的交换对流，这就说明了在寒冷水中穿着衣服的重要性。但应注意，这种保护作用只有在静止不动时才有效。因此，必须杜绝那种消耗能量的不必要的游泳和脱掉衣服的游泳。

三、不同水温中生存的时间

人在不同水温中生存的时间见表 1-2-1。

表 1-2-1　人在不同水温中生存的时间

水　温	水中预期可能存活的时间	水　温	水中预期可能存活的时间
0 ℃	少于 15 min	10～15 ℃	少于 6 h
低于 2 ℃	少于 45 min	15～20 ℃	少于 12 h
2～4 ℃	少于 1.5 h	超过 20 ℃	不定(视疲劳情况而定)
4～10 ℃	少于 3 h		

四、低温水中自救要点

(1) 撤离前应尽量多穿衣服，以保暖和防水的衣服为好，还应把袖口、裤脚等开敞部分扎紧系好。

(2) 救生衣应穿在最外层，并要扎紧系牢。

(3) 除非万不得已，尽量不要直接跳入水中，必要时应尽量降低高度并按正确的姿势跳水，避免造成伤害。

(4) 应尽快寻找漂浮物、艇、筏并尽早离开水面。

(5) 入水后，应保持冷静，在水中应尽量减少游动，保持减轻散热姿势(见图 1-2-1)或多人紧拥姿势(见图 1-2-2)，保持静止状态，这样即可最大限度地减少身体表面与冷水的接触。同时，应尽量使头部、颈部露出水面。

图 1-2-1 减轻散热姿势

图 1-2-2 多人紧拥姿势

(6) 登艇、筏后应及时换掉湿衣物。不可饮用含有酒精的饮料，否则不但不能帮助保持体温，还会加快体温散失。

五、对过冷现象患者的救护

对过冷现象患者的急救治疗方法主要取决于求生者当时的状况和可以使用的器材。应采取如下急救措施：

(1) 若患者神志尚清醒，将患者转移至温暖(不低于 22 ℃)的环境中，脱去患者身上的湿衣物，换上干衣物，尤其注意头部和颈部的保暖。

(2) 给患者提供热饮料如牛奶、糖水等。如在被救前已长时间没有进食，则应将饮料冲淡，并根据患者的体质及恢复情况增加浓度。

(3) 切忌给患者喝酒或含酒精的饮料，也绝不能用按摩、药物或酒类涂擦的方法来促进患者的血液流通。此外，采用局部加温或烤火的方法也是绝对错误的。

(4) 对严重过冷现象的患者，可放进 38～42 ℃的热水浴盆中浸浴复温。浸浴时间不超过 10 min，擦干后用被子盖好保暖。如体温增加不超过 1.1 ℃，每隔 10 min 后再浸浴一次，直至体温恢复到 35 ℃。

(5) 如遇险者处于半昏迷或完全昏迷状态,应一方面急救保命,另一方面等待医生救助或进行转运。

第三节 晕 浪

每个遇险者在艇、筏上都会遇到一个较为严重的问题,就是风浪引起艇、筏摇晃导致的人员晕浪现象。晕浪是航海中常见的一种症状。导致晕浪呕吐的重要原因是人的内耳受到刺激。晕浪是由于脑部在环境中收到错误的信息所致。身体为了保持平衡,感觉器官不断地收集外界的信息,并送到内耳,内耳会组织这些信息,进而输送至大脑。平衡系统发现内耳所接收到的信息与眼睛所接收到的信息有出入时,便会发生晕船。

在遇险求生过程中,由于救生艇、筏小,且摇摆颠簸,起伏不已,加之空气污浊,气味难闻,更容易导致晕浪。事实证明,一些老海员有时也难免会晕浪。晕浪主要表现是头晕、恶心、呕吐、面色苍白、出冷汗、精神抑郁、脉搏过缓或过速,严重者会出现血压下降、虚脱。特别是晕浪引起的呕吐不仅会导致体内严重失水,还容易使人产生疲劳的感觉,从而消磨求生者的意志和动摇待救信心。

虽然多数人的晕浪至多 3 天后就能适应,并停止呕吐,不过那时人体可能已丧失许多体液和电解质,以致会严重地危及生命。

所以,在登上艇、筏后应尽早服用晕船药,防止呕吐。救生艇、筏上按额定乘员每人配备 6 片晕船药,每次服一片。服用晕船药后,虽令人口渴,但却能抑制饮水的欲望。除服用晕船药外,还可以采取以下措施:

(1) 施放海锚,保持适当的通风并使艇、筏顶浪以减轻摇摆。

(2) 正常供给饮水。

(3) 保持安静,争取休息,保存体力。

(4) 尽量限制头部运动,以减少加速度的刺激,特别是旋转性刺激。有可能的话,尽量平卧。

(5) 避免不良的视觉刺激,因此闭目养神可减少晕船的发生。

(6) 互相鼓励帮助,坚定求生意志和信心。

第四节 恶劣海况与气象

一、海浪侵袭

求生活动中,除预防晕船外,还应防止海浪侵入艇、筏内影响生存环境。为保持救生艇、筏内干燥,可采取下列措施:

(1) 关闭所有入口，仅留最小口以保证呼吸及通风之用，防止海水打入。

(2) 若海水打入，应尽快将海水排出。

(3) 救生艇、筏如有破漏要及时堵漏，并将海水排出，以保持艇、筏内人员不受水浸。

二、寒冷气候

气温较低的求生环境中，疾病、湿冻伤是救生艇、筏上的求生者面临的主要危险、威胁之一。

湿冻伤是由湿、冷和不活动的综合作用而引起的。如果艇、筏漏水使得艇筏内有积水，而遇险者的腿脚又长时间地浸泡在低于 15 ℃的水中，2 天之后腿往往就会肿胀起来，且失去知觉。先是发痒和有麻木感，随后表皮出现类似发炎的状态，局部组织出现冻伤。这种腿脚湿冻伤在国际上称为浸泡足。它可引起肢体水浸性水肿，斑点状发绀，感觉异常和自主神经功能障碍所致的疼痛。常见组织浸软和感染、多汗、疼痛，局部对温度变化的过敏并可持续数年。

对于这种冻伤，重要的是及早阻止它的发生，并注意采取下列预防措施：

(1) 保持艇、筏内温暖干燥，调整通风至最低需要，避免腿脚长时间浸泡在水中。

(2) 必要时可数人紧靠在一起取暖，如有保温用具、毛毯、衣服等物均应充分利用。为保持血液循环可适当简单地活动四肢，必要时应解开鞋带便于血液流通。

(3) 避免长时间暴露于寒冷之中，避免风雨对人的袭击。瞭望值班的时间可适当缩短。

(4) 不要吸烟，吸烟会使手脚的供血减少。

三、酷热气候

在酷热气候中，遇险求生人员所面临的最大威胁是缺淡水，由于天气酷热及强烈的阳光照射，人员非常容易在高温酷热中蒸发出汗，大量丧失体内水分。这种脱水现象发生后如不能及时补充，人体的酸碱平衡液代谢紊乱，出现无力、恶心，甚至抽筋(以小腿抽筋为常见，称之为热痉挛)等危险。

为了保持体内水分和预防其他疾病的发生，应采取下列措施：

(1) 按照艇、筏内配备的定额口粮食用，可以减少额外水分的需要。

(2) 平静休息，避免不必要的运动，非必要不得跳入海中游泳。

(3) 用海锚调整通风口的方法，保持良好的通风。

(4) 应将双层筏底内气体放空，使海水冷却筏底，以降低筏内的温度。

(5) 架设遮篷，避免太阳直射。

(6) 天热时保持艇、筏外部及遮篷潮湿。

(7) 阳光下尽可能多坐少躺，减少身体受阳光照射面积。

第五节　海面有油或油火

一、海面虽有油层但未着火

跳水前应判明风向和水面有无障碍物或落水人员，并从上风侧跳海。

必须使头部（尤其是双眼）高出水面，并尽快向上风方向游离有油海面。

在换气呼吸时必须极为小心，千万勿使油水进入呼吸道或吸入肺腔（因油滴会堵塞肺泡引起肺炎，严重损害呼吸功能），也勿使燃油进入口腹，否则会引起生命危险。

此外，决不应使眼睛沾到燃油，否则可能会导致失明或增加眼部刺激的痛苦。

二、海面有油火

跳水脱险前，应判明风向和是否有障碍物并从上风侧跳水。

跳水时尽量穿着棉毛织物的衣服，不应穿化纤织物。

临跳水前先深吸气，再闭气，同时以一只手掩口鼻，另一只手遮蒙眼睛及面部，将两腿伸直夹紧垂直跳下。

入水后再向上风方向潜泳。换气时，应先将一手伸出水面做圆周拨水动作，将水面火拨开，露出水面后面向下风方向，一边用手拨开油火，一边深呼吸，并立即下潜继续向上风方向潜泳。如此反复前进直到游出油火海面。

在此情况下，为不妨碍游泳，不宜穿着笨重的靴鞋、衣物。如情况允许，可将救生衣和必需的衣物包扎好，用一小绳系于腰上，待游出险区再收回使用。注意：不可在潜泳的过程中穿救生衣。

第六节　危险海洋生物

海洋中的物种成千上万，其中有一部分会对人类造成伤害，尤其在热带水域，海洋生物对人类的侵害更是时有发生。下面介绍几种危险的海洋生物及其防范措施。

一、鲨鱼

（一）鲨鱼的习性

鲨鱼是海洋中最可怕的生物之一，它生性凶残贪食，狡诈多疑，牙齿锋利，游泳速度很快，嗅觉极为灵敏，它能利用其嗅觉器官感受到距离很远（数千米之外）由海流带来的浓度极稀的人汗、血腥气味而追踪攻击落水者或其他生物。

据调查分析，海洋中有350多种鲨鱼，主动攻击人的约有30种。鲨鱼攻击落水者，一般发生在热带、亚热带海区，北半球往往多发生于7月，南半球多发生于1月。大部分袭击发生在午后不久，而且与水深无关，既可发生在深海，也可发生在离岸不远的浅海，但水温低于22 ℃的海区至今还未发生过鲨鱼攻击人的事件。

（二）预防鲨鱼攻击的措施

在鲨鱼出没海域可以采取下列措施保护自己：

(1) 撤离时最好不要穿着浅色或容易反光的衣物，身上任何外露部分尽可能不要有反光物品，如手表、戒指或其他金属物等。

(2) 落水者应保护好身体，切勿受伤流血，流血时应立即止血，抛弃鱼和海龟内脏时应少量多次，抛得愈远愈好。近处有鲨鱼时也不要小便，以免鲨鱼凭其灵敏的嗅觉追踪而来。

(3) 如发现鲨鱼临近，应保持冷静沉着，不要急于避开，以免急速行动引起水中周围压力场的变化而招致鲨鱼的袭击。

(4) 由于鲨鱼的侧线系统很敏感，因此落水者在水中与鲨鱼遭遇时，如受到攻击可将头沉在水里，大喊大叫，从而形成一种强烈的刺激使其游离。如此法无效，则打击鲨鱼的腮、鼻、眼等敏感部位，如击中则会使它游离。但此法不到万不得已，切勿使用。

(5) 千万不可用刀或其他利器与鲨鱼搏斗，因为鲨鱼生性好斗，如伤而不死，则会缠着落水者不放，直到将落水者伤害致命。

二、其他海洋生物

（一）有毒的水母

箱水母，也称作海黄蜂水母，被认为是目前世界上已知的对人类毒性最强的生物。当箱水母发现猎物时，它会快速飘过去，用触须把猎物牢牢缠住并立即用毒针喷射毒液，毒液一旦喷射到人的身上，皮肤上就会立即出现多条鲜红的伤痕，毒液很快就侵入人的心脏，只需两三分钟就会致人死亡。

僧帽水母，主要分布在亚热带海域，其触手会造成麻痹，导致伤残。

（二）海蛇

海蛇属于毒蛇一类，全世界共有50多种，它们都有剧毒。我国浙江、福建、台湾、广东、海南等省附近海域最为常见。

海蛇的毒液属于最强的动物毒。海蛇咬人后，开始局部症状往往不明显，无异常出血，无疼痛感，被咬伤的人可能在几小时至几天内死亡。多数海蛇只有在受到骚扰时才伤人。

此外，还有许多不为注意的海底生物，其对人的威胁并不比别的海洋生物小，如长刺的海胆、锐利的珊瑚、缠绵的海藻等都能使人遭到伤害。

第七节　缺乏食物和淡水

救生艇、筏上配备的淡水和食物是有限的，如果求生者长期得不到及时救援就会面临饮水和食物缺乏的危险。普通成年人一般条件下平均每天要排泄 2.5 L 的水（主要是通过肾脏、皮肤排泄），已知体内水分流失的途径主要有排尿、呕吐、排汗、出血、烧伤等。因此，人体组织需要摄取水分来保持平衡，使生命得以维持。

一、淡水的饮用

（一）淡水的配备

救生艇上的淡水是按额定乘员每人 3 L 配备的，可供每人 7 天使用（最初 24 h 内不供给淡水）；救生筏上的淡水是按额定乘员每人 1.5 L 配备的，可供每人 4 天使用（包括第一天不供应淡水在内）。

（二）淡水的分配与使用

艇、筏上的淡水要集中，由专人管理和分配。淡水的分配方法是从求生 24 h 后每人每天 0.5 L。饮用时，最好将每天分到的淡水分为三等份，日出前喝 1/3，日间喝 1/3，最后 1/3 在日落之后喝。饮用时不要一口喝完，要一小口一小口地喝，尽可能在嘴里含一会儿，润一润嘴唇，然后慢慢地咽下。

（三）淡水的补充

1. 收集雨水和露水

雨水是最好的淡水来源。海上遇到下雨时，应使用一切可以作为容器的装置多收集雨水，但最初收集到的雨水因为容器含有盐分，应该倒掉。收集到雨水后应该让大家喝足，以补充前段时间体内消耗的水分，因为雨水不能长期保存，所以有雨水时先喝雨水，艇、筏上配备的淡水留作备用。

2. 利用海洋生物的体液

生鱼的眼球有一定的水分。鱼的脊骨不仅含有可饮用的髓液，而且含有大量蛋白质。可将捕捉到的鲜鱼切成块，放在干净的布中拧绞出体液。海龟的血也可饮用。

3. 海水的淡化

海水的淡化主要有物理和化学 2 种方法。

（1）物理方法。用太阳能蒸馏器来制取淡水。工具结构简单，效果良好，但容易受到气候影响。

（2）化学方法。目前应用的方法有组合式交换法、离子交换法等。化学方法虽然不受气候影响，但成本较高。

（四）饮水注意事项

（1）水分保存时间与 3 个因素有关：气温、水温、储水容器的清洁程度。

如果条件许可，平时救生艇内的淡水（见图 1-2-3）每隔 30 天更换一次，这样定期更换能使艇内淡水在 40～60 天内保持气味良好，但在炎热的天气里，饮水的保存时间可能缩短一半。

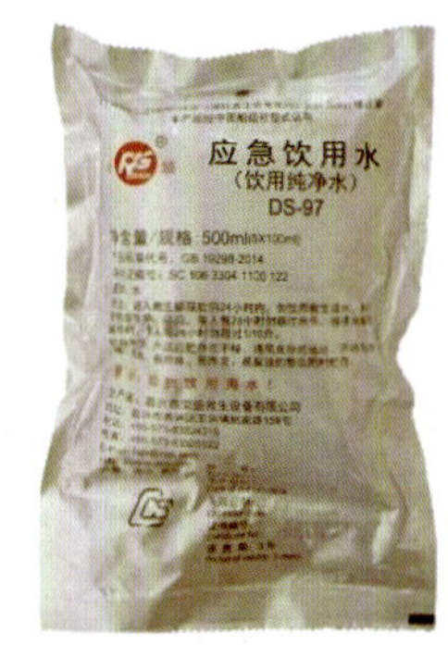

图 1-2-3 救生淡水

（2）采样实验辨别水质的好坏。

第一步，初试。饮少许，等待 1～2 h，如果身体无不良反应（如头痛、发热、拉肚子等），可进行再试。

第二步，再试。多饮一些，等 4～5 h 如无副作用，说明饮水水质基本是好的，但饮用也不宜过多。

（3）不能饮用海水和尿。

人体能够承受的含盐量一般不超过 1%（质量分数），而海水中的含盐量平均为 3.6%，如果饮用 100 mL 海水，为了排除这些海水里面多余的盐分，不仅要把海水中的水分全部排掉，而且还要使身体失去 50 mL 水分。调查表明，因饮用海水而死亡的要比未喝海水而死亡的高出 12 倍。

（4）食物的消化过程需要消耗水分，尤其是高蛋白质的食物，如鸟、鱼、虾的肉等，这些食物只能在淡水充足时才可食用。

二、应急口粮的食用

（一）应急口粮的配备

应急口粮是一种按份包装的压缩食品，每份压缩食品都是按最佳比例配制而成的，它只含有少量的蛋白质，是淡水供应不足情况下唯一较适宜的食物（但不是唯一食物）。

救生艇内应急口粮是按额定乘员每人 6 天配备的，而救生筏内则按每人 3 天配备（与水的配备标准相同）。

（二）应急口粮的分配

第一天（遇险最初 24 h 内）：不供给食物。

第二、三天：按日出、中午及日落时间分配 3 次口粮（见图 1-2-4），但不得给予超额食物。

第四天：若仍未获救，则从第四天起，口粮配额应予减少，必要时可减少至规定配额的一半。若艇、筏上已经断水，则不得再吃食物，以免加剧减少体内水分。

图 1-2-4 救生口粮

（三）海上食物的补充

（1）捕鱼：可以用鱼钩或别针等钓鱼。

（2）捞取海藻：海藻、褐藻、海带等大多可以生食。

（3）收集浮游生物：各种浮游生物也可以作为食物补充。收集浮游生物的方法是利用袜、裤、衬衣的袖子或其他多孔的衣物制成渔网，将网拖在艇、筏后面。

（四）如何辨认食物的好坏

求生者从海中捞取食物后，应注意辨认食物的好坏。吃海藻前应仔细检查，把附在上面的小生物弄掉，有些没有正常鱼鳞而带有刺、硬毛或棘毛的鱼多数是毒鱼，不能食用。通常发现有下列迹象的鱼不能食用：

（1）发育不正常的鱼。

（2）腹部隆起的鱼。

（3）眼球深陷入头腔的鱼。

（4）有恶劣气味的鱼。

（5）用手揿入鱼肉有凹陷印记的鱼。

（6）鱼肉辛辣的鱼。

救生设备

第一节　救生设备的种类及基本要求

一、救生设备的种类

为了保证出海人员的安全，应当按照《国际海上人命安全公约》《海洋石油安全管理细则》及其他相关救生设备规范的要求配备救生设备，如救生艇、救助艇、救生筏、救生圈、救生衣、保温救生服、救生信号、通信设备等。一旦遭遇紧急情况需要海上求生时，所有人员都能利用这些设备进行海上生存和等待救援。

二、救生设备的基本要求

（1）海上石油设施配备的救生艇、救助艇、救生筏、救生圈、救生衣、保温救生服及属具等救生设备，应当符合《国际海上人命安全公约》的规定，并经海油安办认可的发证检验机构检验合格。

（2）海上石油设施配备救生设备的数量应当满足下列要求：

① 配备的刚性全封闭机动耐火救生艇能够容纳自升式和固定式设施上的总人数，或者浮式设施上总人数的200%。无人驻守设施可以不配备刚性全封闭机动耐火救生艇。在设施建造、安装或者停产检修期间，通过风险分析，可以用救生筏代替救生艇。

② 气胀式救生筏能够容纳设施上的总人数，其放置点应满足距水面高度的要求。无人驻守设施可以按定员12人考虑。

③ 至少配备并合理分布8个救生圈，其中2个带自亮浮灯，4个带自亮浮灯和自发烟雾信号。

④ 救生衣按总人数的210%配备，其中：住室内配备100%，救生艇站配备100%，平台甲板工作区内配备10%，并可以配备一定数量的救生背心。在寒冷海区，每位工作人员配备1套保温救生服。对于无人驻守平台，在工作人员登平台时，根据作业海域水温情况，每人携带1件救生衣或者保温救生服。

（3）滩海陆岸石油设施配备救生设备的数量应当满足下列要求：

① 至少配备4个救生圈，每个救生圈上都拴有至少30 m长的可浮救生索，其中2个带自亮浮灯，2个带自发烟雾信号和自亮浮灯。

② 每人至少配备1件救生衣，在工作场所配备一定数量的工作救生衣或者救生背心。在寒冷海区，每位人员配备1套保温救生服。

(4) 滩海陆岸道路进出车辆应当按驾乘人员数量的100%配备救生衣，全程限速行驶。

(5) 有人值守的滩海陆岸石油设施，应当设置能容纳全部生产作业人员的应急避难房，避难房地面应当高出井台挡浪墙1 m，其结构强度高出井台一个安全等级。

(6) 所有救生设备都应当标注该设施的名称，按规定合理存放，并在设施的总布置图上标明存放位置。特殊施工作业情况下，配备的救生设备达不到要求时，应当制定相应的安全措施并报海油安办有关分部审查同意。

(7) 一切救生设备均须处于立即可用状态。

(8) 救生艇、救生筏须能在最短时间内降落。在气候正常的条件下，设施上的救生艇、筏必须于10 min内全部降落水面。

(9) 一切救生设备的存放地点，应有利于对其迅速操作，以及设施上人员的迅速集结和登乘。

(10) 应确保走廊、梯道和所有通向登艇地点的进出口以及救生艇、筏或浮具的存放地点的照明不受阻碍。

(11) 救生设备在有效期内应能防腐、耐腐蚀，并不因阳光、海水、原油或霉菌的侵袭而影响正常使用。

(12) 救生设备应涂成橙黄色。

第二节　救生衣

救生衣是平台上每人必备的救生设备。它穿着方便，能始终支持落水者头部露于水面，并保持脸部高出水面一定高度，并可减少体热散失，等待援救。

一、救生衣的种类

一般按用途可分为航空救生衣、航海救生衣、水上工作救生衣、水上运动救生衣等；按浮力材料可分为固有浮力式救生衣、气胀式救生衣等。

(一) 固有浮力式救生衣(普通救生衣)

固有浮力式救生衣(见图1-3-1)是利用轻质浮力材料提供浮力，其浮力材料主要是泡沫塑料。这种救生衣在海上应用非常广泛。

(二) 气胀式救生衣

气胀式救生衣(见图1-3-2)利用救生衣内的充气室提供浮力，又可分为口吹气型气胀式救生衣和全自动气胀式救生衣。

图 1-3-1 普通救生衣

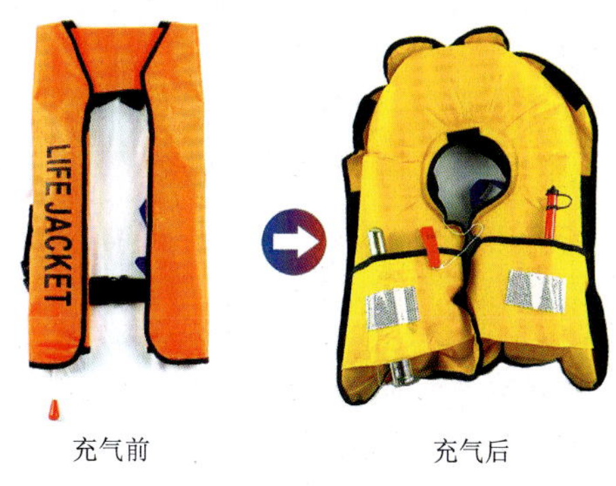

图 1-3-2 气胀式救生衣

二、救生衣的基本要求

(1) 平台上不应使用多于 2 种形式的救生衣。

(2) 每件救生衣应备哨笛和救生衣灯各 1 只。

(3) 经示范后,每个人都能在无人帮助的情况下,在 1 min 内正确地穿好救生衣。

(4) 穿着者从 4.5 m 高处跳入水中不致受伤,救生衣也不会发生移位或损坏。

(5) 能使失去知觉人员在水中从任何姿势在 5 s 内翻转到嘴部高出水面,嘴离水面至少 12 cm。

(6) 浸入水中 24 h 后,每件救生衣的浮力降低不应超过 5%。

(7) 救生衣被火焰包围 2 s 内,不致燃烧或继续熔化。

(8) 气胀式救生衣应具有不少于 2 个独立气室。

三、救生衣的穿戴

(1) 穿着前应先检查浮力块、领口带、腰带、哨笛、救生衣灯,它们不能有损坏和缺失。

(2) 穿上后,把系带在胸前用力收紧,打一结系牢,然后将领口带系牢。

四、固有浮力式救生衣的存放

(1) 应存放在居住处所或易于取用的地方,一般放在床位附近。

(2) 应在适当地点张贴救生衣穿着使用的示范说明图片。

(3) 不得随意将救生衣当枕头或坐垫使用,以免受压后浮力减小。

五、固有浮力式救生衣的保养

救生衣用后应用淡水洗净晾干,发现有破损应立即修理;不宜用重物加压或重力捆扎,以免过度受力而变形,影响性能。

六、气胀式救生衣的日常保养和注意事项

(一) 日常保养

(1) 救生衣使用前应检查确认各部件完好,严禁口吹充气后下水使用。

(2) 救生衣应存放在温度为 0～35 ℃,相对湿度不大于 85%的室内,严禁放置在日光下暴晒,且不受挤压。

(3) 清除救生衣表面污渍时,应用湿毛巾慢慢擦拭,切勿将救生衣放入水中浸泡、洗涤。

(二) 注意事项

(1) CO_2 气瓶和自动充气装置内的起爆盒为一次性使用物品,用后应及时更换。

(2) 救生衣有效期为 3 年,每年应对气瓶中的 CO_2 含量进行 1 次检测。

(3) 救生衣应避免接触有损胶衣的油、酸、锐器、火种等物品。

(4) 严禁敲击、高空抛投。

第三节　保温救生服

保温救生服是指能够减少穿着者在冷水中体热散失,延长生存时间的保护服。保温救生服外表颜色为橙色,一般是由氯丁橡胶或聚氯乙烯泡沫塑料制成的连身式服装。为了防止空气在救生服内流动散失热量,在救生服裤腿两侧加装了限流拉链。为便于水中拖带,有的救生服胸前还设有一个带弹簧开关的连接环。

一、保温救生服的基本要求

(1) 保温救生服应采用防水材料制成。

(2) 具有浮力不需要加穿救生衣的救生服应配备哨笛和救生衣灯。

(3) 救生服应穿着方便,在没有别人帮助的情况下,能在 2 min 内将救生服打开并穿好。

(4) 被火完全包围 2 s,不致燃烧或继续熔化。

(5) 能够爬上爬下高度至少 5 m 的垂直梯子,以及进行短距离的游泳并能登上救生艇、筏。

(6) 非自然保温材料制成的救生服可以保证穿着者在温度为 5 ℃的静水中,1 h 体温降低不超过 2 ℃。自然保温材料制成的救生服可以保证穿着者在温度 0～2 ℃的静水中,6 h 体温降低不超过 2 ℃。

(7) 能使穿着救生服的人员在水中 5 s 内从任何姿势翻转成脸部朝上姿势。

(8) 穿着者从 4.5 m 高处跳入水中不致受伤，救生服也不会发生移位或损坏。

二、保温救生服的穿戴

(1) 根据穿着者的身高选择合适的服装，并检查衣服是否完好，拉链是否损伤，否则不应使用。

(2) 打开水密拉链，松开腰带，放松腿部限流拉链。

(3) 先穿两脚，再穿双手，戴上帽子，使面部密封圈和脸部接触完整，再缚紧腰带，拉上水密拉链。

(4) 收紧腿部限流拉链，拉紧袖口宽紧带，再拉上挡浪片，最后抽紧脑后的带子，使面部密封圈绷紧。

(5) 脱险后，按上述相反顺序卸装。

三、保温救生服的存放

保温救生服平时保存于专门的包内，置放在易于取用的地方，通常存放在救生站或住舱内，并且存放位置有明显标志。

四、保温救生服的检查与保养

(1) 使用后用淡水冲洗干净，挂于阴凉干燥的地方，避免高温或紫外线辐射。晾干后应叠好放回原处。救生服的拉链部位用蜡或无酸碱性油脂涂抹，保持拉链拉舌移动轻便灵活。

(2) 10 年以内的救生服每 3 年进行 1 次压力试验和检测，10 年以上的救生服每年进行 1 次压力试验和检测。

第四节　救生圈

救生圈主要用于救助落水人员，供落水人员在水中攀扶待救使用。

一、救生圈的基本要求

(1) 救生圈内径不小于 400 mm，外径不大于 800 mm。

(2) 在淡水中能浮起 14.5 kg 的铁块达 24 h。

(3) 从 30 m 高处抛投落水，救生圈及附件不致损坏。

(4) 被火完全包围 2 s，不致燃烧或继续熔化。

(5) 救生圈上粘贴有 4 条间隔距离相等的反射带和 4 条固定扶手绳。

二、救生圈的属具

（一）自亮浮灯

救生圈常用的自亮浮灯有 2 种：一种是化学自燃火焰；另一种是干电池或海水电池救生浮灯。其发光强度不小于 2 cd，发光时间至少为 2 h。

（二）烟雾信号

可发出橙黄色烟雾，在平静的水面可持续发烟 15 min 以上；即使完全浸没在水下，仍能喷出烟雾 10 s。

（三）可浮救生索

每个带自亮浮灯和自发烟雾信号的救生圈配备 1 根可浮救生索，可浮救生索的长度为从救生圈的存放位置至最低天文潮位水面高度的 1.5 倍，并至少长 30 m。

三、救生圈的使用

（1）在水中使用救生圈的方法是用一只手压救生圈的一边使它竖起，另一只手把住救生圈的另一边并把它套进脖子，再置于腋下，然后两手挽住救生扶手绳。也可两手同时压住救生圈使之竖起，头手则顺势套入圈内，使救生圈夹于两腋下面。

（2）如有人落水，抛投者应一手握住救生索，一手将救生圈抛在落水人员的下流方向，无流而有风时应抛于落水人员的上风方向，以便落水者抓拿，注意不要打到落水者的身上。也可以将救生索系在栏杆上，两手同时抛投救生圈。

（3）智能遥控自动救生圈的使用。

智能遥控自动救生圈（见图 1-3-3）是一种新型救生圈，它可以自动寻找到意外落水者的位置并行驶过去，在第一时间救起落水者。

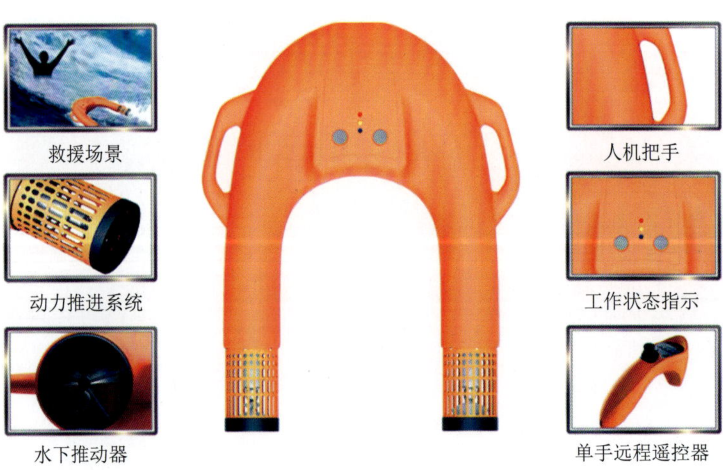

图 1-3-3　智能遥控自动救生圈

智能遥控自动救生圈的工作原理是:在其前方安装有热释电红外开关,它通过感受人体的红外线辐射,进而准确地定位落水者的方向,自动前去救人。救生圈的所有电路密封在外壳之内,电源则由一块可充电的锂电池提供。

智能遥控自动救生圈使用操作简单,只需将其抛到水面,然后即可自动启动,通过单手遥控操作,快速精准航行至目标附近,落水者只需抓住救生圈就能迅速被拖带到安全区域,实施快速有效营救,有效节省宝贵的救援时间。同时可正反双面使用,具备自扶正功能,即便被水浪打翻也能正常运行,应对复杂环境能力强。

四、救生圈的存放

通常存放在易于取用和醒目的地方,并按平台长度和层数适当分布。救生圈不得以任何方式永久系牢。

五、救生圈的保养

(1) 救生圈使用后用淡水冲洗,在阴凉处晾干后放回原处。

(2) 定期检查救生圈及其属具,救生圈不得有损坏及变形,外表面颜色鲜艳,字迹清晰,反光带及扶手索完好无老化。

第五节　救生抛绳设备

救生抛绳设备是海上遇险时,通过发射火箭发射一根细绳,对方接到以后,利用细绳过渡较大的缆绳,以便采取有效的救生措施。救生抛绳设备包括抛绳器和抛绳枪。海上平台应配备 4 具抛绳器或 1 套手提式抛绳枪。

一、抛绳设备的基本要求

(1) 抛射绳直径不小于 4 mm,长度为 400 m。绳子是橙黄色合成纤维浮索,其破断力应不小于 2 kN。

(2) 在无风的天气情况下抛射距离不小于 230 m,并有一定的准确性,其偏差应小于 20 m(抛射距离的 1/10)。

(3) 抛射火箭要求水密。

(4) 应附有技术性能及使用说明书。

二、抛绳器

(一) 抛绳器的使用方法

(1) 抛绳器在发射时应位于上风方向,以免火箭受到风的阻力而影响射程。如果对方是油轮，应由对方发射抛绳器。

（2）取去抛绳器上的透明塑料盖，将有标记的抛射绳末端与大缆牢固地系紧。

（3）取去握柄上有标记的安全销。

（4）持抛绳器应半侧身向右紧握把柄，火箭对准目标并使抛绳器与水平面成 30°～40°的仰角，击发扳机。

（二）抛绳器的保管

抛绳器（见图 1-3-4）平时由专人负责保管，存放在易于取用的固定房间内，保持干燥，防止高温或剧烈震动。抛绳器有效期为 3 年。

三、手提式抛绳枪

（一）组成

每套手提式抛绳枪（见图 1-3-5）包括击发枪 1 支、子弹 5 发、推进火箭和抛射绳各 4 具。

图 1-3-4　抛绳器

图 1-3-5　抛绳枪

（二）使用方法

（1）将大缆与防水盒内抛射绳的一端牢固地缚紧。

（2）把防水盒内抛射绳的另一端与推进火箭的尾部铁丝环连接牢固。

（3）把抛射火箭插入击发枪枪筒前部，在击发枪枪膛内装上子弹。

（4）持枪人应半侧向右，站立在抛射绳防水盒的后方，使火箭对准目标，枪身与水平面成 30°～40°的仰角，扣动扳机。

第六节　通信设备

根据目前平台应急通信设备配备要求，撤离平台后，可应用双向对讲电话，通过应急专用频率向守护船、救援直升机发出求救信号。也可用无线电示位标发出信号指示方位。在距救援船只和救援直升机位置较近的情况下，也可以通过施放救生信号求救。

救生艇、筏之间通信联络方法主要有以下几种：

(1) 通过双向甚高频无线电话联络。

(2) 白天通过日光信号镜、夜间通过手电筒或灯光进行联络。

(3) 通过哨笛进行联络。

一、无线电示位标(搜索与求救信标)

无线电示位标(见图 1-3-6)是一种自浮式、双频率的无线电遇险信号传送器，被配置在救生艇、船舶和飞机上，它有一个频率为 121.5 MHz 和 243 MHz 的甚高频，它可以连续工作并传递信号至少 48 h。

二、双向甚高频无线电话(双向对讲电话)

中心平台至少须配备双向对讲电话(见图 1-3-7) 3 台。使用时，将开关旋至“ON”的位置，调到相应频道，按住讲话按钮喊话，松开为接听。

三、搜救雷达应答器(SART)

中心平台至少须配备搜救雷达应答器(SART)(见图 1-3-8) 2 台。使用时，将电源开关打开，将旋钮置于“SEND”位置对准来船或飞机，信号即被发射。

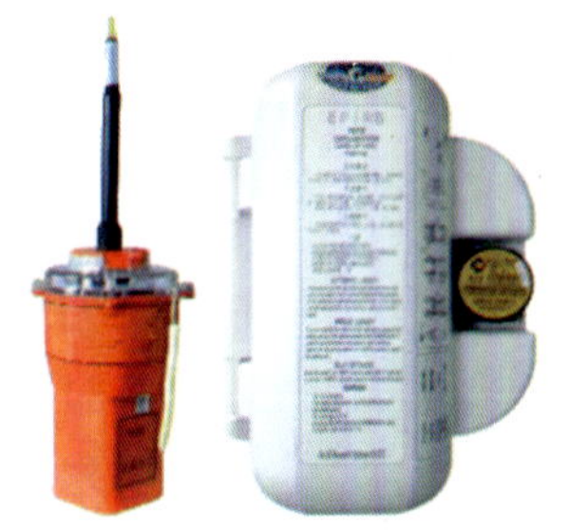

图 1-3-6 无线电示位标

图 1-3-7 双向无线对讲电话

图 1-3-8 搜救雷达应答器

第七节 救生信号

救生艇、筏和平台按规定配备一定数量的救生信号，海上遇险时可以利用这些信号引起周围船舶和飞机上人员的注意。白天最好使用烟雾信号，夜间使用灯光火焰信号，而且只有当船舶、飞机出现在视野范围内时使用这些信号，才能起到遇险报警的作用。

一、降落伞火箭信号

降落伞火箭信号(见图 1-3-9)是将火箭发射到高空,发射高度不小于 300 m,自行爆炸发出红光信号,该信号设有降落伞控制下降速度(不大于 5 m/s),停留在空中时间较长,有利于救助者发现。其燃烧发光时间不少于 40 s,亮度为 30 000 cd 以上。

二、红光火焰信号

红光火焰信号(见图 1-3-10)是一种手持式火焰信号,点燃后能发出 15 000 cd 以上亮度的火焰,持续燃烧时间为 1 min,可作为求救时引人注意的信号。

三、烟雾信号

烟雾信号(见图 1-3-11)是白天使用的求救信号,它能发出橙黄色浓烟,持续时间不少于 3 min,能见距离约为 5 n mile,有助于救助船或飞机找到救生艇、筏的位置。

图 1-3-9　降落伞火箭信号

图 1-3-10　红光火焰信号

图 1-3-11　烟雾信号

四、声光信号

声光通信是利用哨笛、日光信号镜、手电筒等发出声音和光,可使用摩氏信号达到通信目的。

(一)信号镜

信号镜是一个金属片,遇难人员在看到有其他船或飞机时,利用该镜光亮的平面将日光反射到其他船或飞机上,以引起注意,易于被发现。

信号镜的一角开有一观测孔,围绕观测孔刻有同心圆环及十字线。

使用时要求和瞄准环配合使用。左手拿信号镜,将观测孔放在眼前,镜的光亮面面对船舶或飞机;右手伸直拿瞄准环,置于信号镜的前方,对准船舶或飞机,设法通过观测孔和瞄准环的孔能看到目标(船舶或飞机);调整镜面角度,设法使观测孔周围的十字线和同一圆的阴影正好落在瞄准孔的四周,这样阳光即能反射到目标上。

(二) 哨笛

吹哨笛可引起对方的注意,告知来者自己所处的位置。也可发出摩氏信号达到通信目的。

(三) 灯光

夜晚时可利用手电筒灯光的长短,发送摩氏信号,或用灯光照来船,以引起对方注意。

五、注意事项

救生信号的产品型式很多,施放方法也有所不同,施放前应先仔细阅读使用说明,按其要求进行施放。平时应妥善保管,保持干燥,防止高温。

第八节　救生筏

救生筏是供海上人员求生时使用的一种救生设备,它能被迅速地抛投到水面,并漂浮在水面之上供人员登乘等待救援,它不具有自航能力。

救生筏有刚性筏和气胀筏 2 种。自从有了气胀筏,海上使用的刚性筏越来越少。目前,海上很难见到刚性筏,已几乎被淘汰。而气胀式救生筏由于具有存放方便、占用地方小、轻便、便宜、乘载量大和保温防寒性能好等优点,被广泛采用。

气胀式救生筏有吊放式和抛投式 2 种,按其乘载人数,有定员 6 人、8 人、10 人、15 人、20 人、25 人等不同规格。

一、吊放式救生筏的降落操作

(1) 将救生筏筒搬放到吊钩下面的甲板上。

(2) 装上自动脱钩装置,在甲板栏杆上收紧拉索。

(3) 吊起筏筒并将吊臂旋出舷外。当筏筒被悬吊位于舷外时,扯拉充气拉索使救生筏充气。

(4) 用收紧索把充胀后的救生筏拉靠在甲板边,固定好,人员从甲板登上救生筏。

(5) 登筏完毕,解开收紧索及充气拉索,然后降落救生筏。

(6) 当救生筏降至离最高浪峰大约 3 m 高的位置时,拉动自动脱钩绳索(一条红色的短绳)。

(7) 自动脱钩装置是“卸荷”释放机构。一旦救生筏落于水面,吊筏绳拉力消失,自动脱钩装置就动作,使救生筏脱开吊绳而在水面自由漂浮。

二、抛投式救生筏的投放操作

（1）查看水面是否有障碍物等。

（2）放下软梯和登筏绳索。

（3）检查充气拉索的强度和该拉索系缚是否牢靠。松开筏筒上的滑环或扳动自动脱离器的把柄，脱开救生筏筒上的系绳。

（4）将筏筒抛下水，或从筏架上推滚下水，救生筏可自动充气打开。

（5）如果筏筒还未打开，则用手拉扯充气拉索来打开二氧化碳钢瓶的出气阀，救生筏即自动充气。

（6）若筏充气后呈倾覆状态，则由一名穿好救生衣的人员下水，将筏扶正。

（7）登筏方法可根据甲板高度、天气情况、危险性等各种条件灵活选择。穿好救生衣的人员可沿软梯、舷梯登筏，尽可能避免入水或直接跳下水。也可利用滑槽或其他器具直接登筏。若高度很低，在确保安全的前提下可直接从甲板上跳入登筏口。

（8）当所有人员登上筏后，用应急刀割断系绳，驶离危险区。

（9）在安全区抛出海锚，等待救援。

如果救生筏存放甲板距水面高度小于 11 m，或者救生筏抛入水中仍未充气胀开，可持续拉动首缆，即可充气成形。

如果来不及将救生筏抛入水中，当平台沉到水下一定深度时，筏架上的静水压力释放器（见图 1-3-12）在入水 2～4 m 之间时，海水进入释放器内部产生压差变化致自动脱钩，释放救生筏，救生筏在自身浮力作用下浮出水面，随着平台的下沉，救生筏首缆拉出到将其自动充气成形。

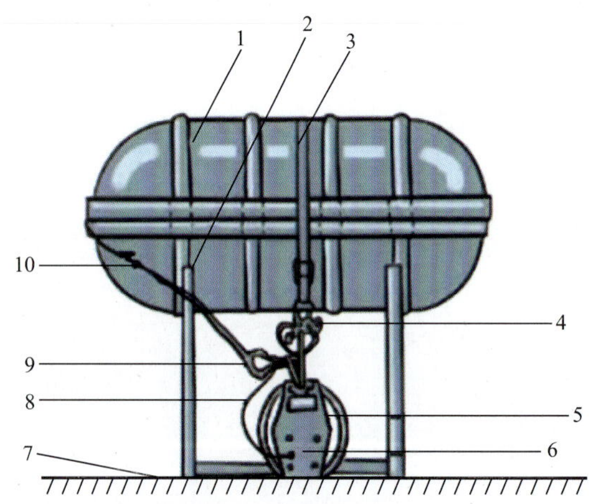

1—存放筒；2—筏架；3—绑索；4—滑钩组件；5—静水压力释放器；6—静水压力释放器夹板；7—甲板；8—易断绳；9—连接环（卸扣）；10—首缆

图 1-3-12　静水压力释放器结构示意图

应变部署和演习

第一节　应变部署

海上可能遇到各种风险，如碰撞、倾覆、沉没、火灾、爆炸、海上伤亡等，针对各种风险，应制定相应的应变部署(应急预案)，包括消防、堵漏、人员落水、救生等。应变部署应根据人员和设备情况编制，根据人员的职务、特长和工作能力，选派最适合于承担该项工作的人来担任。

一、应变部署表

应变部署表(见表 1-4-1 和表 1-4-2)是指用表格形式表述各项部署。应变部署表应公布在餐厅、驾驶台、通道、起居室、机舱等。同时将每个人员在应变部署表内的任务和分工、应到达的岗位、担任的职务以及应变信号写在“人员应变卡”上，张贴在每个人员房间里。

表 1-4-1　综合应变部署表(样表)

任　务		执行人编号	综合应变时的执行人
消 防	现场指挥		
	管理水龙		
	管理 CO_2 灭火系统		
	携带手提式灭火器		
	携带防烟面具、呼吸器，准备进入现场		
	管理移动或固定式独立应急消防泵		
	携带黄沙、石棉毯		
隔 离	携带电工工具，负责隔离有关电路，关闭风机		
	携带钳工工具，关闭火场通风口		
	携带消防工具，隔离火场附近易燃物品		

续表 1-4-1

任务		执行人编号	综合应变时的执行人
救护	携带急救药箱		
	准备担架		
	维护现场秩序		
	守卫主要场所、总控室、电台、机舱		

表 1-4-2　人员落水部署表(样表)

任务	执行人编号
艇长现场指挥放艇(携带无线电对讲机)	
副艇长(携带望远镜)	
操作救生艇马达	
艇员	

二、应变卡

除了应变部署表以外,每个人的床头还应设置相应的应变卡(见表 1-4-3)。卡上注明应变部署的信号,本人应登的艇、筏号,应变行动中的职责和必须携带上艇的设备或物品等。人员工作调动或公休时,应将应变部署床头卡移交给接替的人员。

表 1-4-3　应变卡

应变卡		
艇号:	编号:	
项目	任务	信号
综合		
救生		
消防		
人员落水		
堵漏		

三、T 卡的配备与使用

在需要撤离平台登乘救生艇、筏求生时,登乘前,撤离点负责人在集合地点必须清点一次人数,并及时向总指挥汇报,便于总指挥掌握整个平台人员集结情况,防止人员遗漏。

目前部分平台上配备 T 卡来清点撤离平台人员,此方法便于撤离点负责人迅速、快捷掌握撤离人员集结状况。

T 卡存放于救生甲板上的 T 卡箱(见图 1-4-1)内,卡上标有姓名、床位号码、救生艇编号等内容。

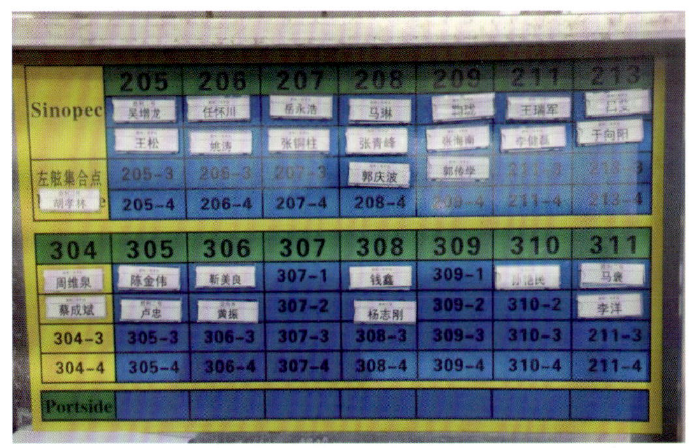

图 1-4-1 应急 T 卡箱

根据海上石油设施的不同要求，T 卡的使用方法目前主要有以下 2 种：

（一）翻面法

人员在撤离平台时，登上救生艇前，将 T 卡箱内标明自己基本资料（姓名、房间号、床位号）的 T 卡翻转 180°，使卡的背面朝外，表明人员已经登上救生艇。

（二）取走法

人员在撤离平台过程中，登上救生艇前，将 T 卡箱内标明自己基本资料（姓名、房间号、床位号）的 T 卡取走，卡箱内相应位置空缺，表明人员已经登上救生艇。

四、应变信号

海上石油设施应按照《国际海上人命安全公约》规定使用通用的应变信号，还应根据海上设施可能出现的紧急情况规定相关应变信号。

（一）通用的应变信号

海上设施应变信号见表 1-4-4。

表 1-4-4 海上设施应变信号

信号名称	声响特征	符号描述
救　生	- - - - - - - —	七短声一长声
消　防	- - - - - -	乱钟或连放短声汽笛 1 min
进　水	— — -	两长声一短声
人员落水	— — —	三长声
解除警报	—	一长声

《国际海上人命安全公约》规定，召集人员至集合地点的紧急信号应为汽笛连续发放 7 个或 7 个以上的短声继以一长声，并用电动信号作补充。一切应变信号的意义，应以相应

的文字清晰地写在牌上，张贴在各生活舱内。

（二）海上石油设施应变声响信号

海上石油设施应变声响信号见表1-4-5。这些信号通过中央控制房和平台各处的手动报警按钮进行报警。

表1-4-5　海上石油设施应变声响信号

信号名称	声响特征	符号描述
井　喷	- — —	一短声两长声
硫化氢泄漏（油气泄漏）	- —	一短声一长声
弃平台	- - - - - - - —	七短声一长声
溢　油	- — — -	一短声两长声一短声

（三）海上石油设施应变视觉信号

视觉信号应通过安装在海上石油设施各处的状态示位灯来显示，钻井平台的硫化氢报警应设在中央控制室。海上石油设施应变视觉信号见表1-4-6。

表1-4-6　海上石油设施应变视觉信号

信号名称	颜色及设备	状　态
火　警	红色灯	长明
井　喷	红色灯	闪烁
硫化氢泄漏（油气泄漏）	黄色灯（钻井平台为旋转紫灯）	闪烁
溢　油	黄色灯（钻井平台为旋转紫灯）	闪烁
弃平台	蓝色灯（钻井平台为旋转紫灯）	闪烁
遇险求救	红光降落伞、橙色烟雾、无线电示位器、雷达应答器	① 依据设备的要求使用；② 在救生艇和救生筏上可利用日光信号镜反射日光发出两短一长的摩氏信号

第二节　应变演习

演习是确保安全的重要环节，也是提高海上人员应对紧急情况的重要措施。海上平台必须根据实际状况制定相应的应急部署，并定期开展应急演习。

（1）可以使人员熟悉本人在各种应急情况下的职责，掌握基本的应急程序，并不断提升操作技能。

（2）通过反复演习，有利于紧急情况突发时，所有人能够迅速按照正确的应急程序采取有效的行动，避免因惊慌失措而造成不必要的损失。

(3) 通过演习可以验证应急预案的可行性，及时发现不足，不断改进应急预案，消除安全隐患，使应急预案更加符合实际需求。

一、演习的期限

(1) 消防演习：每个月 1 次。

(2) 弃平台演习：每个月 1 次。

(3) 井控演习：每个月 1 次。

(4) 人员落水救助演习：每季度 1 次。

(5) 硫化氢演习：钻遇含硫化氢地层前和对含硫化氢油气井进行试油或者修井作业前，应组织 1 次防硫化氢演习；对含硫化氢油气井进行正常钻井、试油或者修井作业，每隔 7 天组织 1 次演习；含硫化氢油气井正常生产时，每个月组织 1 次演习。对不含硫化氢的井作业，每半年组织 1 次演习。

各类应急演练的记录文件应至少保存 1 年。

二、海上救生演习的基本要求

(1) 救生演习前应检查救生设备及属具是否处于正常的技术状态。

(2) 救生演习由主管安全负责人将本设施应变部署的组织分工向全体人员做一次全面介绍，并着重讲解救生知识，救生衣穿着法，救生艇、筏的分布位置和各自的性能以及使用方法和注意事项。

(3) 救生演习时应依次轮流操作各救生艇。每艘救生艇与吊艇架、筏架均应在每季度至少升降 1 次，使所有人员明确自己所执行的任务并能熟练进行操作。

(4) 听到救生信号后应在 2 min 内各就岗位，自演习指挥下达放艇命令后，应急艇应在 5 min 内降落至水面，其他艇、筏全部降至水面不超过 10 min。

三、救生演习的一般程序

(1) 演习总指挥下令鸣放救生信号。

(2) 听到弃船警报时，平台所有人员穿好救生衣(服)，无应急职责人员迅速赶往自己应变卡中安排的应急集合点，翻过自己的 T 卡，到指定应急集合区域待命。

(3) 艇长按应变部署中每个人应执行的任务，检查其操作动作是否正确并注意督促指导。

(4) 艇长宣布演习方案(包括演习项目与程序)。

(5) 人员按分工各就岗位，做好放艇准备工作，艇长应着重检查：

① 吊艇装置(包括控制开关和制动器)的技术状态是否良好。

② 艇底塞是否塞牢。

③ 淡水、食品及各种属具是否齐备。

④ 机动艇燃油柜是否装满燃油。

⑤ 艇边有无影响艇、筏降落的障碍物。

检查完毕向总指挥报告。

(6) 艇长接到放艇命令后，指挥艇员将艇放到水面，脱钩后驶离，在规定区域集合，并进行操练。

(7) 听到解除警报信号后驶回，将艇吊起收回原处，清理好索具并进行一次清洁保养工作，最后将艇固定好。

(8) 艇长向总指挥汇报演习情况。

(9) 总指挥对演习进行讲评。

(10) 救生演习应详细记入工作日志。

撤离平台时的行动

在海上遇到严重危险时，应尽最大努力抢救，减少财产损失和人员伤亡。应首先抢救人员生命，然后才是财物。但是当海上设施遭受严重毁坏，尽力抢救仍然无法挽救海上设施，人员生命安全面临巨大威胁时，可以撤离平台。

第一节　撤离平台前的行动

当海上平台处于严重的危险状态时，所有人员应进行主动撤离。撤离平台的命令由平台经理下达。如果当时条件许可，平台经理在做出撤离平台决定之前应征询平台主要人员意见，并征得公司的同意。

一、施放弃平台信号

平台经理下达弃平台命令后，通过报警系统发出弃平台信号，声响信号为七短声一长声。

二、弃平台前的行动

(1) 保持冷静，按照应变部署的要求采取行动。

(2) 加穿适当的衣物。

人体随时都在散发热量，而在水中散发的速度较在空气中快约 26 倍。穿着衣服的作用就是要在皮肤与水之间形成一隔离层，使身体热量散失减少，从而起保温作用。反之，如衣服穿少了，水温或气温又很低，使得体温散热量超出身体产生的热量，就会产生失温现象，最终导致昏迷和死亡。为了减少身体与水的直接接触，最好在外层穿着一件不透水的衣物(如夹克、雨衣等)，内层则采用有保暖作用的衣物。

(3) 穿着救生衣。

撤离时必须穿着救生衣，尽快到指定的地点就位。因为救生衣可使落水后的遇险人员保持面部向上的漂浮姿势，即使落水者在水中昏迷，也能维持仰浮状态。

(4) 收集必需品。

如时间允许，尽量多收集必需品，做好在海上长时间等待救援的准备。必需品应包括但不限于下列物品：① 食物、淡水；② 救生信号；③ 急救药物。

第二节　登上艇、筏

撤离命令下达后，首先考虑乘救生艇、筏撤离平台，避免直接落入水中。

一、从平台直接登上救生艇

由指定人员操纵吊艇机将救生艇降至登艇甲板，用稳艇索将艇拉近，乘员有序登上救生艇。

二、从水中登上救生艇、筏的方法

（一）水中登上救生艇

落水者从水中登救生艇时，首先游到救生艇舷侧，抓住两侧下垂的救生索，用脚蹬住龙骨，然后两手攀住艇缘，双脚踩住救生索，用力爬上救生艇。

（二）水中登上救生筏

1. 利用绳梯登筏

气胀式救生筏在首尾进出口一侧设有登筏梯，进出口处上浮胎设有攀拉索带。水中人员游到筏的入口处，先用一只手抓住登筏梯，另一只手抓住上浮胎的攀拉索带；双脚踩在登筏梯的最上面一格，两只手抓住攀拉索带或上浮胎内沿，双脚用力，用力攀拉，倒向筏内。

2. 利用登筏平台登筏

救生筏其中的一个进出口设置了登筏平台，位于救生筏下浮胎附近。登筏时，水中人员首先游到登筏平台附近，双手抓住上浮胎的攀拉索带，一条腿跪上登筏平台，另一条腿也用膝盖压在登筏平台上，起身抬腿跨入筏内。

三、扶正倾覆的救生筏

救生筏投放至海面或在大风浪的冲击下都有发生倾覆的可能。此时，只需一人即可扶正，具体方法如下：

（1）先游至储气瓶附近，将储气瓶拉至下风侧。

（2）从储气瓶一侧（即下风侧），向上抓住扶正带，爬上筏底，如果没有成功，可以尝试用脚蹬住救生筏外扶手索以帮助扶正。

（3）双手拉住扶正带，双脚踩在筏底边缘，身体用力后仰，筏即可被扶正。

（4）如筏扶正后未及时游出则可由筏底游出，但避免由登筏梯与储气瓶下方游出，以防被储气瓶或登筏梯缠住。

救生筏扶正操作如图 1-5-1 所示。

图 1-5-1　救生筏扶正操作

第三节　跳水求生

海上求生有时会因各种原因未及时撤离，此时跳水是不可避免的。为避免从高处跳入水中引起不必要的伤亡，选择跳水的高度越低越好，跳水前应穿好救生衣，且掌握正确的跳水方法。

一、跳水方法

（1）在甲板边缘站好。

（2）深吸一口气，左手捂住口鼻。

（3）右手经过左前臂紧握救生衣的上端。

（4）肘部尽可能靠近身体两侧。

（5）两眼向前平视。

（6）向前迈出一大步，后面的腿跟上，双腿并拢夹紧，头上脚下，垂直入水（见图 1-5-2）。

图 1-5-2　跳水姿势

二、跳水注意事项

(1) 左手五指并拢将口鼻捂紧(防止海水进入口鼻)。

(2) 右手紧握左臂上的救生衣,直至浮出水面后才能放松。

(3) 两眼注视前方与水面平行,不要往下看,否则可能造成身体前倾。

(4) 跳水位置最好在上风侧。

(5) 尽量远离设施缺口、损坏部位、设施桩脚等地方。

(6) 注意查看水面,避开水上障碍物。

(7) 尽量避免从较高的地方直接跳入艇内或跳至筏顶,以免摔伤自身及损坏艇、筏。

(8) 如利用绳索下水要用双手互相交替向下移,不可手持绳索滑下,以免失去控制和擦伤。

海上待救

第一节 水中漂浮待救

一、穿着救生衣水面待救

(一) 水面待救的行动

入水后尽快离开事故地点，找寻救生艇、筏并登上。如果没有艇、筏可登，又远离陆地，附近也没有岛屿可上，也没有发现救助船舶或直升机，应保持体力在事故地点附近待救。同时，对于可能面临的危险，比如低温、溺水等，采取有效措施应对。

(二) 穿着救生衣游泳

求生者可以采用仰泳、蛙泳、侧泳等泳姿。在游泳过程中，正确地呼吸，如鼻呼口吸，避免呛水。同时注意控制好游泳与呼吸的节奏，放松肌肉，保存体力，延长时间，争取获救。

穿着救生衣或救生服游泳时，由于救生衣和救生服会产生很大的阻力，因此应采用正确的游泳方式，下面介绍几种穿着救生衣或救生服游泳的方式。

1. 单人游泳

穿着救生衣或救生服时，身体向后躺，保持放松。双腿并拢，并使膝盖收向腹部，这样会抬高嘴部离水面的距离。伸展双臂至耳朵两旁，像桨一样从身体两侧向双腿方向划水，使身体向后移动。

注意：用手臂划水会使身体热量散失更快，因此也可以在上述动作的基础上，双臂夹紧，只用双腿游泳。采取这种游泳方式，能够在一定程度上保存热量，但是游泳速度变慢。

2. 拖带伤员

在游泳过程中，如有伤员需要拖带，可采用如下方法：

把伤员拉向自己胸前，在其身后，用双腿夹住伤员的腰部。伸展双臂至耳朵两侧，像桨一样从身体两侧向前划水，向目标方向游进。

二、未穿救生衣水面漂浮

在万不得已的情况下，未穿救生衣即跳入水中，这对于遇险者来说是非常不利的，但也不必惊慌。为了延长在水中漂浮的时间，争取援救，此时落水者最适宜的漂浮姿势是仰浮姿势。因为这种姿势只需以最小限度的运动来保持浮游状态。另外还应牢记以下各点：

(1) 如果周围没有救生艇、筏，应努力找到可用作救生浮具的漂浮物。

(2) 遇险者未穿救生衣，可用衣服自制一个临时浮具。如将衣服纽扣全部扣住，扎紧领口和袖口，衣服下端扎紧，在第二、三纽扣之间吹气使之膨胀，即可支持体重。

如用裤子则更理想，可将两裤管打结，倒持裤腰迎风吹开，待两裤管进风胀满后，即行扎紧裤腰，便可做成非常好的马蹄形浮具，可将后枕部搁置其上支持体重。

(3) 立泳(踏水)和蛙泳、自由泳都是运动量较大，消耗体力多的游泳方式，一般不采用。仰泳是无救生衣的落水者最适宜的游泳方法，其优点是：

① 动作慢，运动量少，体力消耗少，能较持久地坚持在海面待救。

② 能始终保持口鼻眼都露出水面之上，不仅呼吸方便，而且视野开阔。

(4) 当接近救生艇、筏和过往船舶时则应采取立泳姿势，并将手举出水面摆动，当救助船接近至 1 000 m 以内时，可大声呼叫以求援助。

(5) 除非过往船舶已发现落水者，并停船准备施救，落水者不应使用消耗大量体力的自由泳追赶航行中的船舶。

(6) 在水中，无论多疲倦，都不能睡觉。

三、避免抽筋

抽筋是由于受到刺激造成的肌肉痉挛，抽筋会疼痛难忍，不仅妨碍游泳，还会引起恐惧进而发生危险。

抽筋以后，一是大声呼救，设法得到他人帮助。如果周围没有其他人，不要惊慌失措，保持冷静，通过水中自救的方法保证安全。缓解抽筋症状的关键是拉伸、放松肌肉，最容易发生抽筋的部位是脚背和小腿，可吸气潜入水中，用力按摩抽筋部位，或在水中用双手紧握大脚趾，伸直双腿，两手用力牵拉，反复多次。肌肉松弛后，应让抽筋部位休息一段时间，变换游泳姿势。

第二节　救生艇、筏上待救

一、登上救生艇、筏后的初始行动

(1) 迅速离开危险地点。

求生者登上救生艇、筏后，迅速离开即将沉没的平台或船舶，使平台或难船沉没时不致被吸入水中，并防止可能发生的火灾、爆炸造成伤害。

(2) 积极抢救落水人员。

救生艇、筏内人员应仔细搜索周围水面，发现落水人员立即靠近，抛出拯救环，拉动救生索帮助落水人员登上救生艇、筏，夜间打开手电筒、示位灯、吹哨以招引水上漂浮的人员。

(3) 主动集结艇筏。

所有的救生艇、筏应主动集结，以增大目标，增加被发现的机会。

(4) 施放海锚或流锚，减缓漂流速度。使艇、筏尽量留在遇险位置附近，增加被救的机会。

二、建立组织

救生艇、筏上的人员应根据实际情况，建立一个有效的组织，指定或推选一位坚定而又值得信赖的领导者，组织大家待救。

领导者对艇、筏上的求生者点名，建立艇、筏的值班勤务制度：

(1) 当艇、筏内人数足够时，应采取每 2 h 两人，一人负责外部瞭望，另一人负责内部勤务。除重伤员外，应由全体人员轮流担任，保持 24 小时值班制度。其余人员则应保持休息状态。当艇、筏上人数不足时，也必须保持一人值班(同时负责瞭望和内部勤务工作)的制度。

(2) 负责内部勤务者应采取一切有效手段，及时发现各种危险情况。例如，艇、筏有任何渗漏之处应能及时发现和修补。随时排除艇、筏内积水，注意通风保暖和保持内部的干燥和卫生，并照料好伤病员等。

① 每隔 1 h 检查人员身体健康状况，并做好记录。发现有人呕吐，要用清洁袋给呕吐者装呕吐物，并估计呕吐物的量及呕吐物是什么物质，并做好记录。

② 统一保管好淡水和食物，若达到逃生后 24 h，按标准发放淡水和食物。

③ 降雨时，值班人员还应组织全体人员尽量做好雨水收集工作。

(3) 负责外部瞭望者应及时发现前来搜救或过往船舶、飞机，并向艇长汇报和发出相应的求救信号。注意发现水面上的落水者并给予救助，此外，还应注意放出艇、筏外的渔具情况，艇、筏周围的海洋生物动态，天气情况等。

(4) 当发现其他救生艇、筏时，应主动集合，保持联系。

第三节 求生者的心理及对求生的影响

在救生艇、筏上的待救人员，由于寒冷、酷暑、焦躁、饥饿、干渴、晕船、呕吐和伤痛，在漫长的甚至是绝望的等待中，不仅在生理上将会面临各种折磨，而且还会产生一系列的心理和思想问题。而悲观和恐惧的情绪，都将影响到求生者的意志，动摇其生存下去的信念和决心。

根据国内外许多海上求生的实例调查，在救生艇、筏上的最终获救者，与他们同时遇险而不幸遇难的同伴相比，身体素质并非最佳的，但意志是最强的。

一、海上求生者的心理状态

经验告诉我们，外部紧张状态的刺激对人的抵抗力会造成不良影响。对于处在极端艰苦环境中的海上求生者来说，这种影响更加明显。求生者的心理在求生的不同时期有着不同的状态。

(一) 待救初期的心理

求生开始的数日，是左右以后海上生存的重要时期。这个时期中难以忍耐的艰苦环境、饥、渴、体力消耗造成的劳累和其他突然发生的险恶情况，都会对求生者产生威胁。在心理方面也容易造成一系列危险心理，如觉得自己已陷入最困苦的境地，弃船时混乱的情景和场面像噩梦似地反复在脑海中显现出来，甚至会发展到认为自身不可能依靠救生设备在大海中活命，认为求生待救没有希望，因此产生恐怖、悲观、绝望的心理问题。这个时期的求生者，如不能摆脱心理上的打击，就会迅速地从恐怖到精神错乱，又从精神错乱到死亡。1912 年 4 月 12 日，泰坦尼克号大型客船撞在冰山上，几个小时后沉没，在沉没 3 h 后，第一批救护人员就赶到现场，这时救生艇上已经有人死亡和发疯。在求生初期做好心理上的应急措施，对以后的海上生存有着重要的影响。

(二) 长期求生待救时的心理

在长期海上求生时，口粮和饮水缺乏，体力进一步衰弱，饥、渴、疾病造成的痛苦增大，烈日的暴晒、寒冷的天气、外界各种险情的发生，生存受到不断威胁，都使求生者疲惫不堪，精力枯竭。这个时期的求生者，其意识受到相当的限制，如果看不到被救援的希望，可能会自暴自弃，有的求生者放弃领导，破坏纪律，也不要道德了，完全可能做出缺乏理智的蠢事，而无组织、无纪律，则是失去获救可能的第一步。

二、保持良好的精神状态

救生艇、筏上的人员都应具有坚定的生存信念、顽强的求生意志、严明的组织纪律和团结一致的精神。

一个求生者对面临的困境采取不同的态度，其后果绝对是不同的。希望能使人产生努力奋斗的力量。人们一旦变为求生者，便一无所有，应向自己提出这样的问题：是顽强地活下去，还是等死呢？当对生存有信心时，求生者就会把自己的所有聪明才智都表现出来，努力生存下去。德国医生伊内斯·林德曼博士曾一人乘折叠船横渡大西洋，他在谈到经验时写道：任何时候都不要放弃遇救的信念，专心致志地自我鼓励，是有效的办法之一，诸如“我们一定会成功”“不要灰心”之类令人振奋的话，会使人乐观，能使人有意识地不断工作，减轻忍耐之苦。

第二次世界大战中，英国货船本罗蒙特号于 1942 年 11 月 10 日自南非开往南美洲苏里南的帕拉马里博港，在航行至亚马孙河口外 650 n mile 处，被德国潜艇的鱼雷击中沉没。船上华裔二管伦林奉落入海中后，爬上一艘无人的救生艇。艇内存有饼干 6 箱，巧克力 2 磅，牛肉干 10 小听，炼乳 5 听，淡水 10 加仑。他没有自暴自弃，而是勇敢地选择了跟艰苦的环境作斗争。他从艇上拔出一只钉子，弯曲成钓鱼钩，用救生索做成钓鱼绳，并用罐头铁皮做成刀片，切开钓起的鱼和捕到的海鸟，生食充饥。当遇到巨大风浪侵袭时，就将自己绑在艇内。就这样，他孤独一人在海上顽强求生。他不断地鼓励自己，坚定求生的信念。每过一天就在艇上刻 1 刀痕，在刻下 132 条刀痕后（即 1943 年 4 月 15 日），被一艘巴西渔船发现并获救。经医院体检，其身体健康状况均属良好，后被授予英勇奖章。

救生艇、筏上的遇险者必须切记：

(1) 同伴之间互相鼓励能延长大家的生命。

(2) 相信你的救生设备，坚信能获救脱险，绝不能放弃获救的希望。

(3) 坚定的信念，严格的纪律，合理的管理，良好的队伍，对于保证安全是至关重要的。

(4) 低落的情绪会像寒冷一样在几小时内夺取人的生命，人的精神力量对体力起着重要的作用。

因此作为艇、筏上的领导者，同舟共济的难友之间，都应随时保持良好的精神状态，尽一切努力提高求生的勇气和增强生存的信心和决心。

荒岛生存及待救

第一节　接近岛屿和陆地的征兆

在海上待救过程中，如不能较快获救，那么争取到岛屿上待救，要比在海上待救更为安全有利。对于遇险者来说，通过观察各种征兆可以判定是否已经接近陆地或岛屿，如观察气象、虫鸟、波浪等。

一、观察气象

在晴朗的天空下，如果大多数白云都在移动，而其中却有一团相对静止的积云，则该云下可能有陆地。这类积云通常是由海洋上的潮湿空气被吹到陆地后，受地面热力抬起作用产生热力对流和抬升运动，在陆地上空形成的对流性积云，其下方通常有岛屿或陆地。

在热带海域，空中出现淡绿色的反光（光晕），其下方可能是环礁（珊瑚）区或近岸。

二、观察虫鸟

如果可以见到大量的鸟，说明陆地已近。鸟类常在黎明起飞，黄昏飞回，可根据鸟早出晚归的觅食规律判断陆地或岛屿的方向。

如发现蚊子、苍蝇、蜻蜓、蝴蝶等昆虫，则说明附近有陆地。

三、观察海水

发现海水颜色变浅，说明可能接近陆地，听到浪花拍岸的浪击声，也说明离陆地不远。

如遇长浪平行推移，但碰到岛时就会拐弯绕过。长浪在岛外相遇就形成涡流，这一涡流可作为找寻陆地的目标方向，说明靠近陆地

总之，判断和发现附近陆地、岛屿，除上述介绍的各种简单方法外，还应进行全面的综合观察分析及利用丰富的航海经验，而不能孤立或片面地主观臆断去寻找及发现陆地、岛屿。

第二节　登岛(陆)

发现并确定了岛屿之后，即可准备登陆，但要注意的问题是绝不可因为看见陆地、岛屿，以为一切危险都已消失，或认为已脱离危险境地，到达了安全地方。须知如果一次不假思索的登陆行动遭到失败，可能反被拯救你的陆地所伤害，甚至丧命。在没有探明岛屿情况之前，绝不可贸然弃艇登岛。

由于岛屿四周的水流情况比较复杂，往往存在暗礁和拍岸浪，特别是拍岸浪，从海上看到的似乎不如在陆上看到的大，容易使人产生错觉。艇、筏进入浪区后，一旦操纵不当，就可能导致艇毁人亡。所以选择正确的登岛地点及登岛时机非常重要。

一、登岛前的准备工作

(1) 所有登岛人员均应穿好救生衣。

(2) 确定登岛探明情况的人员。尽量选择身体素质好、水性好、技术全面、机敏、果敢的人员。

(3) 明确艇、筏上其他人员在登岛行动中所承担的任务。

二、选择登岛地点

(1) 尽量选择岛屿的背风面、流缓处登岛。

(2) 最好选择沙滩、浅滩、漫坡或泥沙地段登岛。

(3) 选择岛屿的开阔地带登岛，应避开岛屿的岬角处或风急、浪高处。

(4) 要选择白天涨潮后一段平流时间内进行登岛，要避免夜间登岛，以防发生危险。

三、登岛方式

(1) 登岛过程中，应保持艇首迎风、迎浪，防止艇、筏在浪中打横，必要时可使用海锚协助登岛行动。

(2) 机动救生艇保持艇首向岸，以便有效操控救生艇。

(3) 在预先选择好的地点登岛，看准时机，尽量选择浪头，借助涌浪的冲力上岸。

(4) 在接近岛屿过程中，如遇海面、水下情况复杂，不可冒进。可在艇、筏前部利用钩篙、桨等工具，采用边探测边前进的方式。

(5) 先登上岛屿的人员先用缆绳将艇、筏固定，其他人员迅速搬运转移物品，然后依次登岛。

第三节　荒岛上的求生

登上无人居住的荒岛并不意味着已脱险获救。此时，求生者仍要根据岛上情况，坚决执行求生的基本原则，维持生命，等待救援。应采取以下措施：

（1）设法获得生存所需的饮水和食物。

（2）做好人员保护，建立住所，勿受风雨的侵袭。

（3）坚持每天 24 小时不间断瞭望，并随时发出求救信号。

一、饮水

荒岛上维持生存，最基本的是解决饮水问题，没有淡水则难以维持生存。

（一）寻找水源的方法

（1）可查看野兽的足迹，注意汇集的方向。

（2）草木茂盛及某些喜欢生长在潮湿地方的植物如桐树、杨树、柳树等附近可能有地下水。

（3）在干燥地区观察兽群走向也可协助寻找水源。

（4）自然水源：主要有雨水、露水、溪流和地下水。雨水较为清洁，但缺乏矿物质。露水的收集数量较少，但可多次收集。地下水主要指岩洞、近海或环状珊瑚岛区域附近的地下水，其水源可能接近地表，可尝试挖掘。在山沟干溪砂砾之下，有时也可发现地下水，在溪床稍微平坦处挖掘可能会有水流出。

（二）饮用水消毒的方法

对于各种手段取得的淡水，如有可能应经煮沸消毒或过滤后再饮用。饮用水消毒的方法有如下几种：

（1）煮沸消毒，煮沸时间至少 3 min，处于高海拔地区时再延长 1 min。

（2）用漂白粉（片）液进行消毒，1 桶水（约 20 L）加 2 片（10 mL）漂白粉。

（3）用 2.5%碘溶液 8 滴，放入 1 桶水（约 20 L）内，经过 8～10 min 即可饮用。

二、食物

在荒岛上仅靠艇、筏所配备的食物是不够的，因此，在寻找淡水的同时也应同时寻找和收集食物。岛上的食物来源主要是捕捉到的鸟兽。捕捉方法有用网捕和在野兽经常出没的地方设置陷阱。动物听、嗅、视觉比较灵敏，因此一定要注意自身的保护，免遭袭击。除此之外，还可利用现成的钓鱼工具钓鱼，但是在热带浅水区应注意有些鱼是有毒的，一些没有正常鱼鳞而带有刺、硬壳的鱼可能有毒，因此一定要注意。判断是否有毒，除应具有日常生活经验知识外，还可采取直观判断法，即观察鱼的外表，分析判断而定，如有怀疑，宁可放弃也不可盲目食用。鱼肉含有一定的盐分，与鸟肉同属高蛋白食物，对此应有所注意。

寻找食物的一般原则有：

(1) 进入森林内行动要慢，注意观察，发现动物并设法猎取。

(2) 行进中避免发出响声，以免惊动野兽，注意选择行进路线。

(3) 出猎宜采用迎风或斜风行走，切勿朝弱光处走，避免无法看清目标。

(4) 进入情况不明区域时，应先了解清楚再进入，如有望远镜应预先观察清楚。

(5) 寻找野兽踪迹，注意选择隐蔽位置等待猎物。

三、住宿与待救

荒岛上的住宿和待救是争取尽早获救的重要行动之一。如果住宿地点选择不当，将对获救造成极为不利的局面，因此应予以认真考虑。住宿地点选择得当则便于行动，节省体力，减少困难和危险。

选择住宿地点应考虑到便于行动，要求目标明显，容易被发现以及能防止野兽袭击，在构造形式上就要根据季节、地区、气候等因素而定，例如夏季应保持干爽或用树皮、棕叶等掩盖，以防雨水。同时在住地周围挖掘排水沟。也可将救生艇、筏作为住宿点，但应加以固定。

安排好住宿点之后，应同时建立轮流值班瞭望制度，保持 24 小时有人当班瞭望。要利用一切有效手段对海空观察，及时发现过往的船舶和飞机，并能及时发出易于察觉的求救信号，如点燃烟火、发射烟火信号等。

海上救助

当求生人员在海上漂泊了一段时间，经历了各种不同的困难和艰险后，最期盼的就是获救脱险。最常见的救助方式是船舶和直升机救援，因此，了解船舶和直升机海上搜救的相关知识，掌握获救的方法，正确地配合救助，是成功获救脱险的必备能力。

第一节　船舶救助

通常前来救援的船舶采用在救生艇、筏的上风处靠近，将船横向迎风浪停住，使艇、筏处于较平稳的海面，利用风压向艇、筏接近。此时海面上的艇、筏也应主动驶至大船的下风海面待救。当救援船舶驶近时，艇、筏应将海锚收起，以免缠绕来船的螺旋桨。

在恶劣的天气下，前来救援的大型船舶横向迎风浪前进时，改变航向很困难，尤其是向上风改向，有时用满舵、慢速，甚至半速进车，几乎都没有效果，因此海上的救生艇、筏与漂浮的落水者应尽量不要横在大船的船艏方向。

落水者在接受救助船救捞时，应尽可能互相靠拢，集体行动被救的可能性更大，且能节省救助时间。

海上风大浪高会使救助船无法与待救艇、筏靠近，也无法使救助船派出的救生艇接近，为使海面相对平静，可采取释放镇浪油的方法。救援船的有效方法包括：

(1) 在救助船舷侧垂入 20 cm 左右网孔的攀爬网，其下端尽可能垂入海中，让遇险者抓住。

(2) 抓住攀爬网的遇险者，由于已处于筋疲力尽的状态，难以完全靠自身力气攀登上船，因此，作为辅助手段，可将救生圈系在牢固的绳索上，大量投放在海面上，让遇险者将救生圈套在自己的两腋下，一方面增加浮力，争取充裕的时间，同时在攀登上船时，救援船甲板上的救助人员可同时提拉绳索，协助攀登。

(3) 当救生圈数量不足时，也可多用绳索做成安全索，并将绳端挽成套环，投于海面，由遇险者套在自己的两腋之下，再按上述方法进行攀登。

第二节 直升机救助

利用直升机进行海难救助，是目前普遍使用的一种有效救助手段，具有快速、安全、灵活方便等特点，效果较好。

直升机可执行的救援任务包括：(1) 向遇险海上设施供应援助物资和装备；(2) 从海上设施撤离遇险者或伤病员；(3) 从艇、筏上搭救遇险者；(4) 从海上救捞落水者。

直升机进行救援时，通常在遇险者上方悬停，然后利用伸出机舱门外的悬臂顶端的升降机将遇险者(伤病员优先)从海上设施，救生艇、筏或海水中吊升到直升机上。在向遇险平台供应援助物资和装备时，通常在开阔甲板吊运区上方悬停，然后利用升降机将物资装备吊落在甲板上，平台人员将挂钩迅速解脱即可。

直升机进行吊升的悬空高度一般是距甲板(艇、筏)约 27 m，吊运区周围至少 15 m 内无障碍物，因直升机的升降设备和舱口是在右方，因此除特殊情况外，直升机的吊升作业均从设施的左舷进入吊运区。

一、直升机专用吊升设备

直升机使用升降机吊放人员时，在吊索的端部都装有专用的吊升设备，主要有以下几种：

(一) 救助吊环

救助吊环(见图 1-8-1)是最常用的一种救助设备，它的特点是能较快地吊放人员(不适用于吊放伤病员)。这种吊环的形式常用的有马颈圈形和环索形。使用马颈圈形吊环时，应将吊环由背后穿过两腋下，且双手在胸前握紧，切不可坐在吊环上。环索形的吊环可一次起吊两人。

图 1-8-1 救助吊环

（二）救助吊篮

救助吊篮如图 1-8-2 所示。遇险者爬进篮内坐好，并握住篮筐即可。

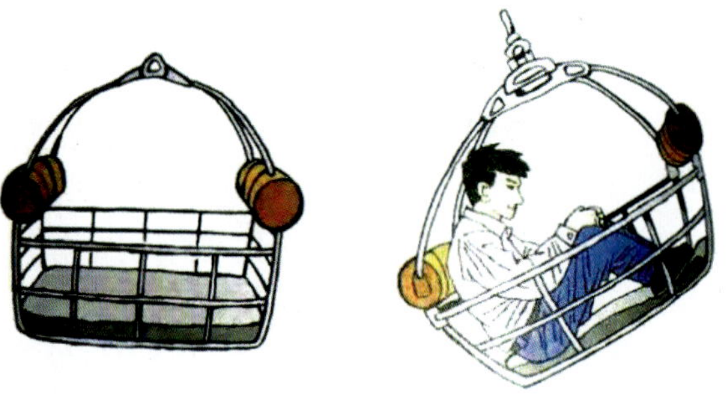

图 1-8-2　救助吊篮

（三）救助担架

救助担架（见图 1-8-3）专用于救助伤病人员，它装有叉索和特殊吊钩，可与升降机和吊索迅速而安全地连接与松脱。

（四）救助吊笼

救助吊笼（见图 1-8-4）类似锥形鸟笼，前侧开口，遇险者由开口处进入，坐好并握紧即可。

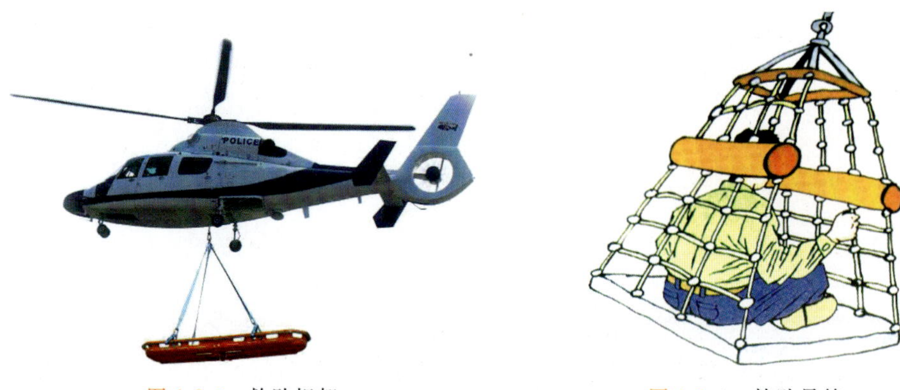

图 1-8-3　救助担架　　图 1-8-4　救助吊笼

（五）救助吊座

救助吊座（见图 1-8-5）形似一个三爪锚。锚爪部为扁平的座位，被吊升人员面对座杆，跨骑在 1 个或 2 个锚爪形座板上，并用双臂紧抱座杆即可，此设备也可一次同时吊升两人。

图 1-8-5 救助吊座

二、直升机对救生艇、筏上人员的救援

(1) 直升机在艇、筏的上方悬空时，由于受到直升机向下气流的冲击，艇、筏可能会倾覆。因此，艇、筏上的人员应聚集在艇、筏中央，直至全部被吊升。

(2) 所有被吊升人员均应穿着救生衣，伤病员也不能例外，除非由此使其病情恶化才可免于穿着。

(3) 吊升伤病员时切不可穿着宽松的衣物或未经捆扎牢固的毛毯之物，以免影响吊升或产生其他不良后果。

(4) 一般情况下，对于吊升人员的附属物品不可单独吊升。因机具或其他物品松弛，可能使吊索纠缠或在空中大幅度摇动，甚至被旋翼吸入而造成灾难性事故。

(5) 为避免吊升设备的金属部分带有静电与人体产生放电现象，应先让其接地(或接触海水)后才能紧抓吊升设备。

(6) 为便于对直升机驾驶员指示救助现场的风向，艇、筏上应设法举旗并使其随风飘扬。也可用桨杆举起衣服使其随风飘扬。

(7) 在直升机吊入人员时，飞机与艇、筏之间可用下列信号联络：

① 勿吊升。手臂伸开平放，手指紧握，拇指向下。

② 吊升。手臂向上伸在水平之上，拇指向上。

(8) 大型直升机常将 1～2 名机组人员吊落于艇、筏上，指挥和协助遇险者正确使用吊升设备。

(9) 最后一名离开救生艇、筏的遇险者，在离艇、筏前应将示位灯关闭。

三、直升机对落水者的救援

直升机发现落水者后，会在落水者上空悬停，由专业救生员直接救助或放下救助设备进行救助。

(一) 直升机救生员救助

直升机直接放下救生员，救生员携带救助吊环接近落水者，帮助落水者套上。救生员双腿夹住落水者，发出吊升信号，将落水者救入直升机。

（二）利用救助设备救助

常见的救助设备包括救助吊环、救助吊篮及救助担架等。其中救助吊环应用最为广泛。

使用救助吊环救助时，必须等吊环落水放电后，再迅速抓住。将吊环套入，绕过后背并夹在两腋之下，吊钩置于胸前，收紧吊环，准备完毕发出吊升信号。吊起时，面部对着吊钩，手自然下垂。接近直升机舱门时，不要试图帮助救生员，听从救生员指挥进入飞机。

四、直升机直接对遇险设施人员的救援

（1）当救援机构通知设施已经派出直升机对其救援后，应建立直接的无线电通话，此时可用 2 182 kHz，此波段可使飞机上的自动测向仪找到设施方向。若无法直接通话，则应通过海岸电台转递交换信息。与直升机之间的详细通信方法可参阅《国际信号规则》中通信明语部分，第一部分“遇险—紧急”中的“飞机—直升机”部分。

（2）设施应向直升机（或通过海岸电台）详细告知下列资料：准确位置；所在海区的天气、海况、风向、风速；如何从空中识别遇险设施及提供识别方法，如挂旗、橙色发烟信号、反光灯、白昼信号灯、日光反射镜等。若是接运伤病人员则应告知详细的伤病及初步处理情况。如有可能，应先将伤病人员放在甲板上（但不可放在直升机的吊运区域内），伤病人员所盖毛毯要用绳带捆扎稳妥，以防直升机下冲气流将毛毯或其他覆盖物吹走。

（3）在甲板上准备好一吊运区。

（4）若直升机在平台上降落，则在着落区附近配备便于扑灭油火的便携式灭火器。此外，消防泵也应启动，并将消防水龙带接好。

（5）直升机放下的升降索及吊升专用设备在未接地之前，平台上人员切勿用手接触或抓握吊升设备的金属部分，以防静电放电作用。若在吊升设备上系有引导拉索，则此绳索不带静电，可即时抓住，以免与其他物体纠缠在一起。

（6）伤病人员或遇难人员登上吊升设备的行动应尽量迅速，并注意安全。被吊升人员应按规定使用吊升设备，一旦离开甲板悬空，可能会有旋转摆动，或擦碰其他较低的障碍物。为防止发生危险，甲板上的人员可拉稳引导索，但不要站在吊升设备下方，同时注意防止引导索缠在自己身上或甲板上。

第二部分

海上平台消防

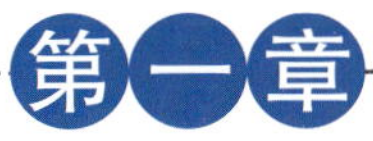

海上消防概述

第一节　海上石油作业的特点及消防的重要性

海上石油作业远离陆地，设施结构密集、复杂，人员集中，活动范围小，并且随着海洋石油工业的飞速发展，海上设备自动化、电气化程度与日俱增，日常生活设施及其装具日益讲究方便舒适和装潢华丽，因此，大量使用化学纤维织物、塑料和木器制品等易燃材料。这不仅不能使海上石油作业火灾危险性减小，反而使火灾危险性日趋增大。一旦发生火灾爆炸事故，火灾蔓延速度更快，火灾燃烧更加剧烈，极易造成重大人员伤亡与财产损失，可能使巨大的海上石油设施顷刻间毁于一旦。

英国北海油田的帕玻尔·阿尔法(Piper Alpha)平台大火狂烧36天，造成165名员工死亡，最终导致北海石油公司倒闭。巴西的P-36火灾爆炸事故导致世界上最大的钻采平台沉没，原计划2005年石油自给自足的目标推迟3年。以上火灾事故都深刻地说明海上石油火灾会在极短的时间造成极大的人员伤亡和财产损失。因此，做好海上消防工作十分重要。

第二节　海上消防工作要点

海上消防往往依赖于海上石油作业人员自身素质和装备的自救，孤军作战，而且海上石油设施上范围小，活动受到限制，结构复杂，难以扑救，不易奏效。海上消防工作一方面要做好防火工作，另一方面要提高灭火能力。防火与灭火是相辅相成的2个方面，不可分割，不可偏废。消防方针是“预防为主，防消结合”。首先是“防患于未然”，其次灭火是弥补防之不足的不可缺少的应急措施。由此可见，为了保证海上石油设施免遭火灾危害，确保人员生命和财产安全，要积极做好火灾预防工作，消除或减少火灾的发生。同时，配备足够有效的灭火设备与器材，提高海上石油作业人员的消防知识和灭火技能，以便一旦发生火灾，能够进行扑救。

海上消防安全有赖于海上石油作业人员的消防技能、装备和指挥人员的素质等多方面。忽视其一，均难以收效。若人员只有技能，而没有足够和优良的消防设备，只能望火兴叹，若是只有先进的消防装备，而人员缺乏灭火技能或指挥不当，亦是无济于事，徒劳无功。唯有对海上消防工作有足够的认识，既有足够、有效的消防装备，又有具备高超消防知识技能的海上石油作业人员，才能有效地实施和开展消防工作。

海上消防工作的要点包括：

(1) 确保设施上有足够有效的灭火设备与消防器材。

(2) 要有准确的火灾自动报警装置和通信联络设备。

(3) 确保设施上有熟练掌握灭火技能的人员和有效的组织机构与指挥系统。

(4) 消除发生火灾、爆炸的一切条件和因素。

(5) 消除一切造成火灾蔓延扩大的条件和因素。

海上消防基本知识

第一节　燃烧基本知识

一、燃烧的实质

燃烧是一种放热、发光的剧烈的化学反应。燃烧进程中的化学反应十分复杂，有化合反应，有分解反应。有的复杂物质燃烧，先是物质受热分解，然后发生氧化反应。它实际上是各种可燃物质在一定温度下快速氧化的化学过程。剧烈氧化的结果是放出光和热，而一般氧化则没有发光现象，因此，氧化与燃烧同是一种化学反应，只是各自的反应速度和发生的现象不同。也就是说，物质燃烧是氧化反应，而氧化反应却不一定都是燃烧。比如硫在空气中燃烧生成二氧化硫，并放出光和热，这属于燃烧；生石灰与水起反应生成熟石灰，同时发出热，但并不发出光，这只是化学反应，并不属于燃烧；铁在空气中氧化生成氧化亚铁，发热少并且没有发光现象，这属于一般的氧化反应，也不属于燃烧；灯泡通电后会发出光和热，但未产生氧化反应，这只是一种物理现象，而不属于燃烧。

近代链锁反应理论认为燃烧是一种游离基的链锁反应。链锁反应也称为链式反应，即在瞬间进行的循环连续反应。游离基又称自由基，是化合物或单质分子中的共价键在外界因素（如光、热）的影响下，分裂成含有不成对电子的原子或原子团，它们的化学活性非常强，在一般条件下是不稳定的，能轻易自行结合成稳定的分子，或与其他物质的分子反应生成新的游离基。当反应物产生少量的活化中心——游离基时，即可发生链锁反应，反应一经开始，就可经过许多链锁步骤自行加速发展下去，直至反应物燃尽。当活化中心全部消失时，链锁反应就会终止。

二、燃烧的条件

（一）燃烧的必要条件

燃烧需要一定的条件才能发生，必须同时具备 3 个必要条件，又称三要素，这 3 个要素包括可燃物（燃料）、助燃物（氧化剂）和着火源（温度），将这 3 个要素组成一个等边三角形燃烧三角形，如图 2-2-1 所示，表示三要素对燃烧具有同等的重要性。通常也用燃烧三角形来描述起火和灭火理论。

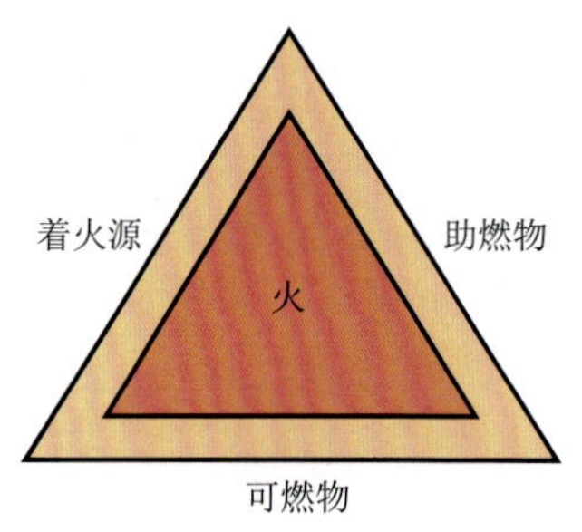

图 2-2-1　燃烧三角形

1. 可燃物

凡是能与空气中的氧或者其他氧化剂发生燃烧反应的物质都称为可燃物。可燃物按其形态可分为固体、液体和气体 3 类。3 类可燃物中，可燃气体最易燃烧，燃烧的速度也较快；液体可燃物在燃烧过程中并不是液体本身在燃烧，而是液体受热时蒸发出来的气体被分解、氧化达到燃点而燃烧；可燃固体在燃烧之前，也必须转化成蒸气状态，即在高温作用下产生化学分解，生成的蒸气与空气充分混合并加热到燃点就会引起燃烧。

2. 助燃物

与可燃物相互结合能导致燃烧的物质称为助燃物。助燃物有氧气和氧化剂。氧气本身不会燃烧，但没有氧气就不会发生剧烈的氧化反应，也就没有燃烧，所以氧气为助燃物质。另外像氯气、过氧化钠或高锰酸钾等氧化剂也十分活跃，在一定的条件下，这些氧化剂也会像空气中的氧气一样与可燃物结合，引起剧烈的氧化反应而产生燃烧，所以它们也是助燃物质。

没有助燃物任何物质都烧不起来。空气中氧气的含量（体积分数）约为 21%，要维持燃烧空气中氧气的含量至少要达到 16%。燃烧时如空气中氧气的含量降至 11%，一般物质的燃烧就会熄灭。

氧气也是人呼吸生存所必需的，当空气中氧气的含量降到 16%时，对人体会造成影响，下降至 10%以下，人就会因缺氧晕倒直至死亡。

3. 着火源

能引起可燃物与助燃物发生燃烧反应的热能源称为着火源。常见的有热能，其他还有化学能、机械能、电能和核能等转变成的热能。根据着火的能量来源不同，着火源可分为明火、高温物体、化学热能、机械热能、电热能、核能、生物能和光能等。在火灾发展过程中，可燃物质本身燃烧所释放的热量也可以维持本身的火势，并促使火灾向四周发展蔓延。

（二）燃烧的充分条件

燃烧必须同时具备燃烧的三要素，但在某些情况下，虽然具备了燃烧的 3 个必要条件，燃烧却不一定会发生。要发生燃烧，必须同时具备下列充分条件：

1. 一定的可燃物浓度

空气中可燃气体或可燃蒸气只有达到一定浓度时，才能发生燃烧或爆炸。虽有可燃气体或可燃蒸气，但浓度不够，燃烧或爆炸就不会发生。如在常温下，用火柴去点燃汽油和柴油时，汽油会立即燃烧，而柴油却不会立即燃烧，这是因为柴油在常温时的蒸气量并没有达到燃烧所需要的浓度，所以，虽然有足够的氧气及着火源，也不能发生燃烧。

2. 一定的氧气含量

必须有足够的氧气含量，否则燃烧也不会发生。即使发生了燃烧，随着氧气含量的下降，物质的燃烧也会逐渐地受到影响而减弱，当空气中氧气的含量降至 11% 以下时，绝大多数可燃物质的燃烧就会停止。也就是说，虽然有可燃物存在，但浓度不够，也不能发生燃烧。部分可燃物质燃烧所需的最低含氧量见表 2-2-1。

表 2-2-1 部分物质燃烧所需的最低含氧量

物质名称	含氧量/%	物质名称	含氧量/%
汽 油	14.4	乙 醚	12.0
乙 醇	15.0	橡胶粉	13.0
煤 油	15.0	棉 花	8.0
丙 酮	13.0	氢 气	5.9

3. 一定的着火能量

不论是何种形式的点火能量，只有达到一定的温度和足够的热量才能引起燃烧反应。否则，燃烧不会发生。不同的可燃物所需的点火能量不同，低于这个能量就不能使可燃物发生燃烧。如点燃的火柴可以轻易地点燃汽油、柴草和刨花，但不能点燃一块木板，这说明这种火虽有相当高的温度(约 600 ℃)，但缺乏足够的热量，因而无法将木板点燃。

4. 相互结合相互作用

只有燃烧的三要素相互结合作用在一起，燃烧才会发生和持续。例如在充满空气的房间，有桌椅门窗、纤维织物等可燃物，也有火源——电源，构成了燃烧的三要素，但并没有发生燃烧，这是因为这些条件没有结合在一起、没有相互作用的缘故。

综上所述，我们知道可燃物、助燃物和着火源是燃烧的三要素，只有三要素同时存在并达到一定的条件，燃烧才会发生。反之，如果缺少其中任何一个条件，燃烧就不能发生。防火的原理就是保管好可燃物和火种(着火源)。而灭火主要是中断燃烧时所需要的氧气或降温冷却。

三、燃烧产物及其危害

可燃物质在与空气中的氧气发生剧烈的化学反应时，所产生的气体、蒸汽和固体物质称为燃烧产物。它的成分取决于可燃物质的化学结构和燃烧条件。通常大部分可燃物质都是有机化合物，主要由碳、氢、氧、硫等组成，如果燃烧时含氧量充足，温度高且高于燃点温度，则为完全燃烧，其燃烧产物包括二氧化碳、水蒸气、含硫气体等。如果含氧量不足或温度不稳定且低于燃点温度，则为不完全燃烧，其产物为一氧化碳、烟、焦炭等。海上在发生火灾时，一方面由于采取了切断通风等控制火灾措施，因此燃烧往往都是不完全燃烧；另一方面由于海上设施的舱室空间狭小且通风不好，所以在火场内部除了有大量的可使人窒息的二氧化碳等气体外，还会有大量的一氧化碳等有毒气体产生。二氧化碳能使人窒息，当其在空气中的含量为 5%时，人就会呼吸困难；超过 10%时，会使人窒息而亡。一氧化碳是一种无色无嗅的有毒可燃气体，其在空气中只要达到很低的含量(体积分数约为0.05%)，人体就有中毒的危险，达到0.5%～1%就能在5 min内致人死亡。因此，为了保证人员在消防过程中的安全，又能成功完成灭火任务，必须加强对消防人员的防护措施，有效避免火灾时危险燃烧产物(主要是危险气体)可能造成的危害。

第二节　燃烧的类型

燃烧类型是指具有共同特征但表现形式不同的燃烧现象。根据燃烧所表现的不同形式，可以分为闪燃、自燃、着火和爆炸4种类型。

一、闪燃

(一) 闪燃的定义

闪燃是指在一定温度下易燃或可燃液体(包括可熔化的少量固体，例如石蜡、樟脑和萘等)蒸气与空气混合后，达到一定浓度，此时遇明火源产生一闪即灭(5 s以内)的燃烧现象。

闪燃发生的原因是易燃或可燃液体在闪燃温度(闪点)下，蒸发速度还不快，蒸发出来的气体仅能维持一刹那的燃烧，还来不及补充新的蒸气以维持稳定的燃烧，所以，燃烧一下就熄灭了。但闪燃往往是火灾的先兆。

(二) 闪点

闪点又称为闪火点，是指能发生闪燃现象的最低温度。

闪点是表示可燃液体性质的重要指标之一，比燃点(着火点)低，闪点是在规定的实验条件下，液体表面上的蒸气与空气混合物接触火源时首次发生蓝色闪光的温度，它可在标准仪器中测量出来。

闪点是评定液体火灾危险性的主要依据。一般认为，液体的闪点就是可能引起火灾的最低温度，闪点越低的易燃液体，其火灾危险性越大。

根据闪点可以确定生产和储存可燃性液体的火灾危险性类别：闪点低于28 ℃的为一级易燃液体；闪点在28～60 ℃之间的为二级易燃液体；闪点高于60 ℃的为三级易燃液体。

如装运石油产品无闪点资料，应按一级易燃液体对待。我国规定，闪点在65 ℃以下的可燃液体都属于易燃液体。

二、自燃

(一) 自燃的定义

自燃是指可燃物质在空气中未接触明火源，在一定温度下发生的自行燃烧现象。

(二) 自燃点

自燃点是可燃物质能够发生自燃的最低温度。部分可燃物质在空气中的自燃点见表2-2-2。

表 2-2-2 部分可燃物质在空气中的自燃点

物质名称	自燃点/℃	物质名称	自燃点/℃
汽 油	415～530	煤 油	210
石 油	约 350	二硫化碳	112
氢 气	572	木 材	250～350
一氧化碳	609	褐 煤	250～450
木 炭	350～400	乙 烷	248
辛 烷	218	棉纤维	530
乙 炔	305	甲 醇	498
苯	580	乙 醇	470
锌	680	镁	520

(三) 自燃的种类

根据热的来源不同，自燃可分为自热自燃和受热自燃 2 种。自热自燃和受热自燃 2 种现象的本质是一样的，只是热的来源不同，前者是物质本身的热效应，而后者是外部加热的作用。

(1) 自热自燃：指有些可燃物质在没有外来热源的作用下，由于其本身内部的生物、物理或化学的作用而产生热，在一定的条件下，积热不散，温度逐渐升高，达到该物质的自燃点而发生的自行燃烧的现象，也称本身自燃。

某些可燃物质的自热自燃能在常温下发生，潜伏着极大的火灾危险性，应予以特别注意。常见的能发生自热自燃的物质如下：

① 植物产品：稻草、洋草、麦芽、树叶、甘蔗渣、锯末和棉籽等。

② 油脂及制品：主要是植物油和动物油黏附于植物纤维或其制品上，如油布、油纸及其制品或者沾油棉纱头等。

③ 煤，除无烟煤之外的烟煤、褐煤和泥煤。主要是由于煤的呼吸和氧化作用以及热交换而引起的。煤的粉碎程度、湿度、挥发物的含量以及单位体积的散热量对煤的自燃影响都很大。

④ 硫化铁：主要是硫铁矿以及金属油罐、油舱受腐蚀而生成的硫化铁等。

(2) 受热自燃：可燃物质在空气中被加热到一定温度，不用外界明火作用而引起的自行燃烧的现象，称为受热自燃。引起受热自燃的原因有接触热的物体、直接火加热、摩擦生热、化学热效应、压缩热、辐射热等。

三、着火

(一)着火的定义

可燃物在一定的温度条件下遇明火源能产生一种持续(5 s以上)燃烧的现象,称为着火。

(二)着火点

着火点又称为燃点,是指能产生燃烧现象所需要的最低温度。着火点可用标准仪器测定。所有可燃液体的燃点都高于其相应的闪点。易燃液体的燃点比其闪点高出1~5 ℃,液体的闪点越低,这一差数也就越小。部分可燃物质的燃点见表2-2-3。

表2-2-3 部分可燃物质的燃点

物质名称	燃点/℃	物质名称	燃点/℃
纸 张	130~230	木 材	250~300
松节油	53	麦 草	200
蜡 烛	190	赛璐珞	100
豆 油	220	酸纤维	320
棉 花	210~255	腈 纶	355
麻 绒	150	聚乙烯	341
胶 布	325	硫	207
布 匹	200	黄 磷	34
樟 脑	70	天然橡胶	235

燃点对可燃固体和闪点比较高的可燃液体具有实际意义。控制这些物质的温度,使其在燃点以下,也是预防火灾发生的有效措施之一。

四、爆炸

(一)爆炸的定义

爆炸是指物质氧化还原反应的速度急剧增加,并在极短时间内突然放出大量能量的一种破坏力很大的现象。爆炸时,温度和压力急剧升高,发出光和声,产生爆炸和推动作用。

(二)爆炸的分类

按照爆炸物质在爆炸过程中的变化可分为核爆炸、物理爆炸和化学爆炸。

(1)物理爆炸:物质因状态或压力发生突变而形成的爆炸叫做物理爆炸。例如,蒸汽锅炉、压缩和液化气钢瓶、油罐的爆炸等就属于物理爆炸。这种爆炸能间接引起火灾。

(2) 化学爆炸:由于爆炸性物质本身发生了化学反应,产生大量气体和较高温度而形成的爆炸叫做化学爆炸。例如,爆炸品,可燃气体、蒸气和粉尘与空气的混合物发生的爆炸就属于化学爆炸。这种爆炸能直接造成火灾,具有很大的危险性。按照爆炸的变化传播速度,化学爆炸可分为爆燃、爆炸、爆震。实际上化学爆炸就是可燃物质事先与氧化剂充分混合的混合物(或者本身是含氧的炸药)遇到火源而发生的极短时间的燃烧。这种燃烧速度很快,每秒可达几十米至几千米,燃烧的同时产生大量的气态物质,从而在爆炸时形成很高的温度,产生很大的压力,并发出巨大的响声。而一般可燃物质的燃烧却没有这种现象,这是因为一般可燃物质与氧化剂的混合物不是预先充分混合的,而是在燃烧过程中逐渐形成的,所以,燃烧速度较慢,放出的热量和气体少,没有向四周冲击的巨大压力,也没有多大的响声,因此没有爆炸现象。

(3) 核爆炸:由原子核裂变或聚变引起的爆炸叫做核爆炸。例如,原子弹、氢弹的爆炸就属于核爆炸。

(三) 爆炸浓度极限

可燃气体、蒸气或粉尘与空气的混合物遇着火源能够发生爆炸的最低浓度,称为爆炸浓度下限,也称为爆炸下限;遇火源能发生爆炸的最高浓度称为爆炸浓度上限,也称为爆炸上限。低于下限,气体量不足,"过稀";高于上限,气体量过多,"过浓"。过稀和过浓都不会爆炸。但过浓,重新遇空气仍有爆炸危险。

爆炸性混合物在不同浓度时发生爆炸所产生的压力以及放出的热量不同,因而所具有的危险性也不同。不同成分的可燃气体和蒸气的爆炸极限范围也不一样,同一物质的爆炸极限也不是固定不变的(见表 2-2-4)。

表 2-2-4　在空气中部分可燃气体和液体蒸气的爆炸极限范围

物质名称	爆炸下限/%	爆炸上限/%	物质名称	爆炸下限/%	爆炸上限/%
氢　气	4.0	75.0	乙　烯	2.75	34.0
乙　炔	2.5	82.0	丙　烯	2.0	11.0
甲　烷	5.0	15.0	氨	15.0	28.0
乙　烷	3.0	12.45	环丙烷	2.4	10.4
丙　烷	2.1	9.5	一氧化碳	12.5	74.0
乙　醚	1.9	40.0	丁　烷	1.5	8.5

(四) 爆炸温度极限

可燃液体除了爆炸浓度极限之外,还有一个爆炸温度极限。这是因为液体的蒸气浓度是在一定温度下形成的。可燃液体在一定温度下,由于蒸发而形成等于爆炸浓度极限的蒸气浓度,这时的温度称为爆炸温度极限。

爆炸温度下限是指液体在该温度下所蒸发出等于爆炸浓度下限的蒸气浓度,爆炸温度上限是指液体在该温度下蒸发出等于爆炸浓度上限的蒸气浓度。液体的爆炸温度下限就是液体的闪点。

(五)最小点火能量

每种气体爆炸混合物都有一个起爆的最小点火能量,低于该能量,混合物就不会爆炸。掌握各种气体混合物爆炸所需要的最小点火能量,对有爆炸危险的场所判断哪种火源能引起爆炸事故具有重要的意义。

(六)影响爆炸极限的因素

同种可燃气体和液体蒸气的爆炸极限会受温度、压力、含氧量、容器以及火源性质等因素的影响。

(1)温度:初始温度升高,则爆炸下限会降低,上限会增高,爆炸极限扩大,爆炸的危险性就会增加。

(2)压力:混合气体在压力条件下的爆炸下限无明显变化,但上限一般都会有明显提高。当混合气体的原始压力减小时,爆炸极限的范围将缩小,当压力降低到某一数值时,上限和下限会合成为一点,压力再降低,就不会发生爆炸。这一最低压力就称为爆炸的临界压力。

(3)含氧量:混合气体中氧气的含量增加,爆炸极限就会扩大。如掺入氮或二氧化碳等不燃的惰性气体,混合气体中氧气的含量降低,爆炸的危险性就会降低。油轮货舱充灌惰性气体,就是利用此原理防止爆炸。

(4)容器的体积:容器的直径越小,火焰在其中的蔓延速度越慢,爆炸极限范围也越小。

(5)热源能量:即点火能量,若火源强度高,热表面积大,且与混合气体接触时间长,就会使爆炸极限扩大,使爆炸危险性增加。

第三节　火的蔓延

火势蔓延实际上是热量的传播过程,影响火势蔓延的因素有热传播、气候、风势、地理环境以及建筑物等,但主要的是热传播。热传播除了火焰直接接触外,还有 3 种途径:热传导、热对流和热辐射。

一、热传导

(一)热传导的定义

热量通过直接接触的物体从温度较高的部位传递到温度较低的部位,称为热传导。这种传导方式主要是靠物质彼此接触的微粒间进行能量交换得以实现的。

(二)影响热传导的因素

影响热传导的因素有温度差、导热系数、导热物体的厚度(距离)和截面积、时间长短等。不同的物质，其热传导能力不同。固体是较好的热导体，在固体中又以金属的导热性最好，其次是液体，气体最差。一般金属物质较非金属物质的导热性好，如钢材的导热系数是木材的 350 倍，铝的导热系数是木材的 1 000 倍。

（三）热传导与火灾

热可以通过物体从一处传到另一处，有可能引起与其接触的可燃物燃烧。导热系数大的物体（如金属）更加容易成为火灾发展蔓延的途径。在火灾扑救中，应对被加热的金属物体和管道进行冷却；清除与被加热金属材料或物体靠近的可燃物质，或者用隔热材料将可燃材料与被加热的金属物质隔开。

二、热对流

（一）热对流的定义

热量通过流动介质由空间中的一处传到另一处的现象，称为热对流。

根据流动介质的不同可分为气体对流和液体对流。就引起对流的原因而言，有自然对流和强制对流 2 种。自然对流是由于流体各部分的密度不同而引起的。例如，热设备附近空气受热膨胀向上流动以及火灾中热气体（主要是燃烧气态产物）上升流动，而冷（新鲜）空气则与其做相反方向流动。强制对流是通过鼓风机、压气机和泵使气体、液体强制对流。发生火灾时，如通风机械还在运行，就会成为火势蔓延的主要途径；使用防烟、排烟等强制对流设施能抑制烟气扩散和自然对流。

（二）影响热对流的因素

通风孔口面积和高度、温度差、通风孔口所处位置的高度等都会影响热对流。

（三）热对流与火灾

热对流是热传递的重要方式，是影响早期火灾发展的最主要因素。高温热气流能加热它流经途中的可燃物，引起新的燃烧。热气流能往任何方向传递热量，但通常都是向上传播，引起上层楼板、天花板燃烧。由起火房间燃烧至楼梯间、走廊，主要是热对流的作用。通过通风孔口进行热对流，使新鲜空气不断流进燃烧区，供应持续燃烧。为了防止火势通过热对流而发展蔓延，主要应控制通风孔口，冷却热气流或把热气流导向没有可燃物或火灾危险较小的方向。

三、热辐射

（一）热辐射的定义

热射线以电磁波形式向周围传递热量的现象，称为热辐射。这种热射线是肉眼看不见的，但我们可以感受到它的存在及其强度的大小。任何物体（气体、液体、固体）都能把热量以电磁波的形式辐射出去，同时也能吸收别的物体辐射出来的热能。热辐射不需要通过任何介质，通过真空也能进行。当有 2 个不同温度的物体并存时，温度较高的物体将向温度较低的物体辐射热能，直到两物体温度渐趋相等。

（二）热辐射与火灾

热辐射的热量和火灾温度的四次方成正比（即燃烧物温度越高，辐射强度越大）。被辐射物的受热量和它与辐射物距离的二次方成反比（即距离近，受热多；距离远，受热少）。在火灾的发展阶段，温度较高时，辐射热成为热传播的主要形式。热辐射传播的热量可使被辐射物自燃。

火灾的蔓延主要是由热传导、热辐射和热对流 3 种热传播形式引起的，因此，为了防止火灾蔓延，就必须阻止或减弱热量的传导、辐射和对流。

火灾的分类及灭火方法

第一节 火灾的分类

不同的物质具有不同的物理特性和化学特性，燃烧所表现出来的特征也是不同的。要扑灭具有不同特点的火灾，首先要了解它们的特点，再采取相应的灭火方法，使用最有效的灭火剂，才能迅速将火扑灭，所以要对火灾进行分类。

一、根据可燃物的类型和燃烧特性分类

（一）A 类火灾

普通固体可燃物着火造成的火灾称为 A 类火灾。常见的可引起 A 类火灾的物质有木材和木制品、纺织品和纤维、塑料和橡胶等。A 类火灾的特点是不仅在表面燃烧，而且能深入内部，容易复燃。扑灭此类火灾最适宜的灭火剂是水，但用水灭火时要注意可能对货物造成的损失及对海上设施稳性和强度的影响。

（二）B 类火灾

可燃液体或可熔固体着火造成的火灾称为 B 类火灾，如石油、油漆、酒精和动植物油脂等造成的火灾。此类火灾的特点是只限于表面燃烧，燃烧速度快，温度也高，有爆炸的危险。扑灭 B 类火灾首先应切断可燃物质的来源，再采用泡沫灭火剂施救，这种方法最为有效。也可采用二氧化碳和干粉等灭火剂来扑救。密度比水的密度小的不溶于水的油类物质，会漂浮在水面上而使火灾扩散，因此，不能用水扑救。

（三）C 类火灾

可燃气体着火造成的火灾称为 C 类火灾，如液化石油气、天然气及各种可燃性气体所引起的火灾。这类火灾的特点是易燃易爆性大，爆炸的危险性比 B 类火灾大。扑救 C 类火灾较为适宜的灭火剂为干粉。

（四）D 类火灾

可燃金属着火造成的火灾称为 D 类火灾，如钠、钾、钙、镁、铝等燃烧所引发的火灾。此类火灾的特点是燃烧温度极高，有的可以达到 3 000 ℃以上，并且在高温下金属性质非常活泼，能与水、二氧化碳、氮、卤素及含卤化合物发生化学反应，使常用灭火剂失去作用，所以不准用水进行扑救，也不能用二氧化碳扑救，必须采用特殊的灭火剂（如金属型干粉 7150 或沙土）扑救。

（五）E 类火灾

带电物体和精密仪器的火灾称为 E 类火灾，如电气设备等造成的火灾。此类火灾并不具体划分在哪一类，其灭火原则为首先切断电源，断电后的电器火灾可以作为 A 类火灾扑救，如无法断电，则应采用不导电的干粉和二氧化碳等灭火剂加以扑救。

（六）F 类火灾

F 类火灾指的是烹饪器具内的烹饪物发生燃烧，主要为食用油发生火灾。

食用油火灾的特点有：

（1）自燃温度较高，一般自燃温度为 350～380 ℃，在烹饪中一旦温度失控就会发生火灾。

（2）食用油火灾易复燃，食用油一旦发生火灾，燃烧速度较其他可燃液体更快，2 min 后油面温度可达 400 ℃。大量试验证明只有温度降到 33 ℃以下时，食用油才不会发生复燃。

二、按损失严重程度分类

根据生产安全事故等级标准，特别重大、重大、较大和一般火灾的等级标准分别如下：

（1）特别重大火灾：指造成 30 人以上死亡，或 100 人以上重伤，或 1 亿元以上直接财产损失的火灾。

（2）重大火灾：指造成 10 人以上 30 人以下死亡，或 50 人以上 100 人以下重伤，或 5 000 万元以上 1 亿元以下直接财产损失的火灾。

（3）较大火灾：指造成 3 人以上 10 人以下死亡，或 10 人以上 50 人以下重伤，或 1 000 万元以上 5 000 万元以下直接财产损失的火灾。

（4）一般火灾：指造成 3 人以下死亡，或 10 人以下重伤，或 1 000 万元以下直接财产损失的火灾。

注：“以上”包括本数，“以下”不包括本数。

第二节　灭火方法

燃烧必须同时具备三要素，并且三要素要相互结合，相互作用。而灭火的原理就是使这3个要素不同时存在或者相互不发生作用，故灭火方法主要有隔离法、窒息法、冷却法、抑制法（又称化学中断法或中止法）等。

一、隔离法

隔离法是针对可燃物，将正在燃烧的物质与其周围未燃烧的可燃物分隔开来，不使火势蔓延，中断可燃物的供给，使燃烧因缺乏可燃物而停止。

具体方法有：

（1）将未燃的可燃物从燃烧的地方移走。

（2）迅速将燃烧物从燃烧的地方转移到安全地点或投入海中。

（3）撤除火场附近的可燃、易燃和易爆物品。

（4）关闭可燃气体或可燃液体进入燃烧地点的阀门等，以减少或阻止可燃物进入燃烧区。

（5）设法阻拦流散的易燃、可燃液体等。

二、窒息法

窒息法是将可燃物与空气隔绝，使火因缺氧而窒息，以达到灭火的目的。如用不燃的石棉毯、泡沫、干粉和砂子等覆盖在燃烧物的表面，将可燃物与空气隔开，使空气中的氧气起不了助燃作用；或向燃烧的舱室、容器灌入二氧化碳或者其他惰性气体，以降低燃烧区域空气中氧气的含量；或者关闭火场的门窗、通气筒、舱盖和入孔等以停止或减少空气中氧气的供应，使燃烧区域空气中氧气的含量迅速减小。当火灾区域空气中氧气的含量降到11%以下时，对一般可燃物质来说，就会因缺氧而停止燃烧。

三、冷却法

冷却法是将燃烧物的温度降低，使温度低于燃烧物质的燃点，使火因失去热量而熄灭。如用水、二氧化碳等直接喷洒在燃烧物上来降温灭火；或者用水对火源附近的可燃物进行喷射来降低其温度，从而阻止火灾的蔓延。

四、抑制法（化学中断法或中止法）

抑制法是将灭火剂渗入燃烧反应中，使助燃的游离基消失，或者产生稳定的或活性很低的游离基，从而使燃烧反应终止。例如，使用干粉灭火剂扑灭可燃气体火灾就属于此种灭火方法。

消防设备

第一节　消防员装备

消防员装备是指消防员自身安全保护装备及辅助灭火用具。尤其是消防员安全保护装备在消防中具有特别重要的意义和作用，借助装备，消防员可以安全顺利地接近火场救助伤员、探查火源及进行灭火活动等。

一、消防员装备的组成与性能

消防员装备包括防护服、消防靴和手套、消防头盔、太平斧、安全灯、呼吸器及耐火救生绳等，如图 2-4-1 所示。

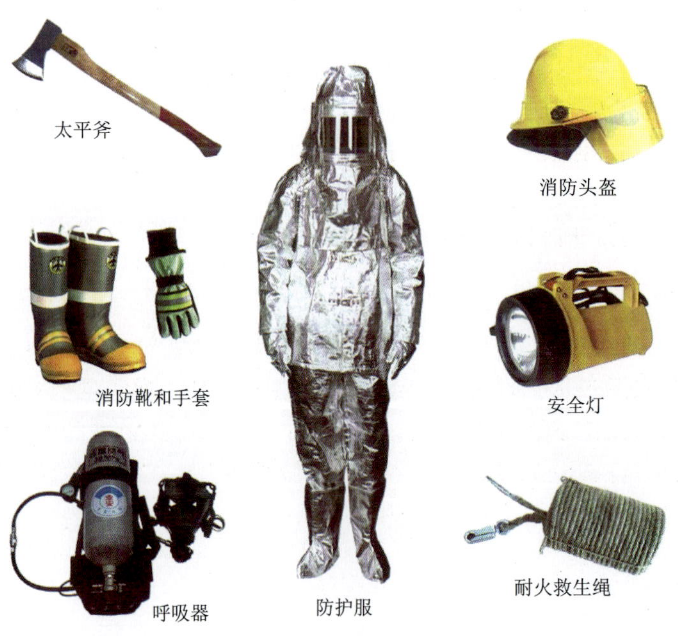

图 2-4-1　消防员装备

(一) 防护服

防护服的材料应能保护消防人员的皮肤不受火焰和燃烧的热辐射，并且不被蒸汽烫伤。防护服的外表应能防火和防水，一般使用消防隔热服。

消防隔热服由上衣、裤子、手套、头罩和盖脚组成。它采用纤维织物与镀铝薄膜复合材料制作而成，不含石棉，其优点是重量轻、强度高、阻燃、耐高温、抗热辐射、耐磨、耐折以及对人体无毒害等，能够有效地保障消防人员不被烈焰或高温灼伤。

(二) 消防靴和手套

消防靴和手套由橡胶或其他电绝缘材料制成。

(三) 消防头盔

消防头盔由帽壳、佩戴装置及附件(面罩、披肩)等组成。头盔应坚固结实，能对撞击提供有效保护。可保护使用者的头、面部，使其免受强力冲击，避免尖锐物、热辐射、火焰或者静电的伤害，在灭火战斗时用于保护消防人员头颈部的安全。穿戴时一定要注意将头盔的长帽檐置于头颈后方，以便较好地保护后颈。

(四) 太平斧

太平斧是能够提供高压绝缘保护的带柄斧头，其手柄应设有绝缘层。

(五) 安全灯

一盏认可型的安全灯(手提灯)，其照明时间至少应为 3 h。用于危险区域的安全灯应为防爆型。

(六) 呼吸器

呼吸器应为瓶内空气储存量至少为 1 200 L 的自给式压缩空气呼吸器，或可供使用至少 30 min 的其他自给式呼吸器。呼吸器的所有气瓶都应能够互换使用。

储压式空气呼吸器由高压空气瓶、面罩及调节阀、低压警报器等组成，作用是供给使用者新鲜空气。这种呼吸器一般在火场至少能持续供空气 30 min。

目前广泛使用的是正压式空气呼吸器。

(七) 耐火救生绳

每个呼吸器都应配有一根长度至少为 30 m 的耐火救生绳。其主要作用表现在 2 个方面：显示通道和联系工具。耐火救生绳应能够用卡钩系在探火队员(或消防队员)佩戴的呼吸器的背带上，以便与接应人员进行联络，或者系在一条单独的系带上，用于在火场营救遇险被困人员，以防在使用耐火救生绳时呼吸器脱开。当用于联络时，一般按事先约定的进、停以及撤退或要求援助等信号拉绳示意。

二、消防员装备的使用

消防员装备较其他衣物较重，穿戴时可两人协作，也可单人完成。

（一）使用前的检查

如果时间允许，最好对正压式呼吸器进行使用前检查。检查包括：

（1）检查气瓶压力。

（2）检查面罩的气密性。

（3）检查中压软管的气密性。

（4）检查余压报警装置的性能。

完成上述检查后，就可以使用消防员装备了。

（二）消防员装备的穿戴和使用

（1）先穿消防员装备中的消防服。

（2）打开气瓶阀，逆时针转动，将阀打开至少 2 圈以上。

（3）背气瓶。

（4）戴好面罩。

（5）将供气阀连接面罩。

（6）穿戴防护服。

（7）系好防火安全绳。

（8）带好安全灯和消防斧。

（三）安全灯和防火安全绳的使用注意事项

（1）防爆灯应斜挎在肩上

（2）使用防火安全绳时应确定好联系信号。比如拉动绳子一下为放绳前进，拉动绳子两下为到达预定位置，拉动绳子三下为撤离现场，拉动绳子四下以上为需要援助。

第二节　手提式灭火器

手提式灭火器主要用来扑救初起的小型火灾。手提式灭火器在驱动压力的作用下，将所充装的灭火剂喷出来以达到扑救火灾的目的。其特点是：可方便地由人力移动，并且结构简单、轻便灵活。

一、二氧化碳灭火器

（一）结构

手提式二氧化碳灭火器由钢瓶、瓶头阀和喷射系统组成，如图 2-4-2 所示。

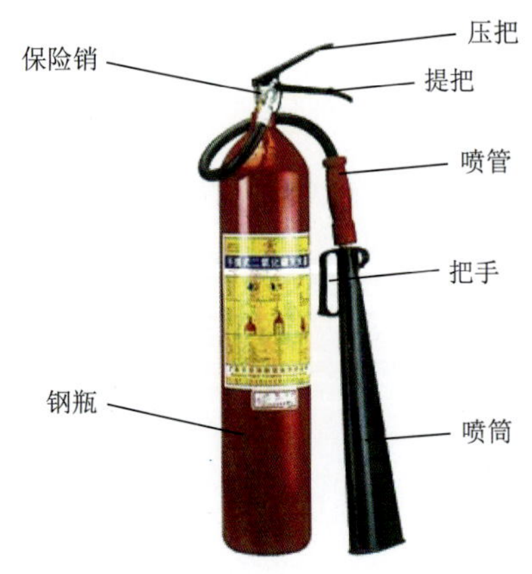

图 2-4-2　手提式二氧化碳灭火器

(1) 钢瓶:是充装液态二氧化碳的容器,为高压容器。

(2) 瓶头阀:既是密封灭火器钢瓶的盖子,同时也是控制灭火剂喷射的阀门。瓶头阀上装有超压安全保护装置和开启机构。超压安全保护装置为安全膜片。开启机构有 2 种:手轮式和压把式。手轮式的开启机构是由手轮、螺杆组成的,开启后只能一次用完,现在已淘汰。压把式开启机构是由压把和压杆组成的。开启时压下压把,压杆就会下移,推动密封阀芯脱离密封座,使二氧化碳释放出来。松开压把,阀芯则会在弹簧和内部压力的作用下自动复位而关闭。所以,这种开启机构是手动开启,自动关闭型。

(3) 喷射系统:由虹吸管、喷射连接管和喷口组成。二氧化碳灭火器喷口与瓶头阀的连接形式有以下 2 种:

① 刚性连接式:这种灭火器的喷口是用金属管连接在灭火器的瓶头阀上。使用时,喷口和金属管只能绕瓶头阀上下转动,并可以在任意位置停顿,如要左右摆动,就需水平转动灭火器筒体。

② 软管连接式:这种灭火器的喷口用喷射软管与瓶头阀相连,喷口可以绕瓶头阀上下左右任意转动,在喷射软管与喷口的连接处有供人握持的手柄。一般海上配备的二氧化碳灭火器都采用这种连接方式。

(二) 主要技术性能

以国产 MTZ5 型鸭嘴式灭火器为例,主要技术性能为:钢瓶内装二氧化碳 5 kg±0.2 kg,喷射时间少于 45 s,射程为 2～2.2 m,钢瓶容量为 7 L±0.2 L。

(三) 使用方法

(1) 取下灭火器,戴好手套,托住提把提至火场附近,尽量立于上风侧,距火场 2 m 左右(即相当于其射程的距离),拉出保险插销,调节好喷口。

(2) 将喷口对准火焰根部,按下压把,使二氧化碳灭火剂喷出,由近而远、左右摆动扫射,直到把火扑灭,如图 2-4-3 所示。扑救容器内火灾时,操作者应手持喷筒根部的手柄,从容器上部一侧向容器内喷射,但注意不要使二氧化碳直接冲击液面,以免将可燃液体冲出容器而扩大火灾。

图 2-4-3 手提式二氧化碳灭火器的使用方法

(四) 注意事项

(1) 未戴防护手套时，不要用手直接握喷筒或金属管，以防冻伤。

(2) 在狭小的室内空间使用时，灭火后应迅速撤离，以防被二氧化碳窒息而发生意外。

(3) 灭火器在喷射过程中应始终保持直立状态，不可将灭火器颠倒使用。

(五) 维护保养

(1) 每半个月对灭火器进行 1 次检查。检查内容包括外观、安全销和标志等。

(2) 每半个月对灭火器进行 1 次称重，重量减少 1/10 及以上时，必须及时进行补充。

(3) 二氧化破灭火器的存放环境温度不得超过 42 ℃，并且要确保通风、干燥。

(4) 对二氧化碳钢瓶，每隔 5 年要进行水压试验。

二、泡沫灭火器

泡沫灭火器以前大多为化学泡沫灭火器，现在广泛采用空气泡沫灭火器(水成膜泡沫灭火器)。

(一) 化学泡沫灭火器

(1) 结构：化学泡沫灭火器主要由筒身、瓶胆、筒盖和提环等组成。筒身内盛有碱性溶液(如碳酸氢钠和泡沫剂的水溶液)，并且还悬挂有玻璃或聚乙烯塑料瓶胆，瓶胆内盛有酸性溶液(如硫酸铝水溶液)，瓶胆用瓶盖盖上，以防酸液蒸发或者震荡溅出。筒盖是用塑料或钢板压制而成的，装有滤网、喷嘴。筒盖与筒身之间有密封圈，筒盖用螺栓及螺母固定在筒身上。泡沫灭火器按开启方式不同可分为旋转式、开关式、揿压式和手柄式 4 种。图 2-4-4 所示为开关式泡沫灭火器。

图 2-4-4　开关式泡沫灭火器

(2) 主要技术性能。

MP 型手提式泡沫灭火器容量一般为 8～9.55 L，喷射距离为 8～10 m，能持续喷射 60 s，发泡倍数为 8 倍，30 min 内泡沫消失量不超过 50%。

(3) 使用方法。

用手握住灭火器的提环，平稳、快捷地将灭火器提到现场。迅速扳起瓶盖机构，一只手握住提环，另一只手握住筒身的底边，将灭火器倒置，2 种溶液相混产生化学反应而喷射出泡沫，将泡沫喷向火源，覆盖火焰，如图 2-4-5 所示。倒置时如能摇动筒身，以促使 2 种溶液更快相混，泡沫射程会更远，能提高灭火效果。扑救液体火灾时，要对准火场中的舱壁或物体的垂直面进行定点喷射，让泡沫借助反冲力向周围均匀流散，直至将燃烧液面全部盖住，使火窒息熄灭。

图 2-4-5 化学泡沫灭火器的使用方法

(4) 注意事项。

奔赴现场灭火时，筒身不宜过度倾斜，以免酸碱 2 种药剂自行混合；喷射泡沫时，筒盖和筒底不可对着人体，以防喷嘴堵塞而发生意外。

(5) 维护保养。

① 泡沫灭火器应存放在干燥、阴凉、通风并取用方便之处，不可靠近高温或可能受到暴晒的地方，以防药剂分解而失效；冬季要采取防冻措施，以防冻结。泡沫灭火器存放地点的环境温度应在－8～45 ℃之间。如果低于－8 ℃，容易使灭火器内产生冰冻而失去作用；如果超过 45 ℃，会使筒内碳酸氢钠分解出二氧化碳而失效。

② 喷嘴应经常保持畅通，筒盖内的滤网应每年清洗 1 次。

③ 灭火器内的药剂应定期更换，在换药前，发现筒身锈蚀应进行液压试验。

(二) 空气泡沫灭火器

(1) 结构：手提式空气泡沫灭火器(水成膜泡沫灭火器，见图 2-4-6)由灭火器钢瓶、瓶盖、驱动钢瓶、喷射系统和开启机构组成。它是将轻水泡沫灭火剂(即水成膜泡沫灭火剂)与压缩气体(氮气或压缩空气)同储于灭火器筒体内，灭火剂由压缩气体的压力驱动而喷射出灭火。它具有灭火速度快、灭火效率高、操作方便、可间隙喷射、抗复燃性能强、有效期长等特点。

图 2-4-6 水成膜泡沫灭火器

(2) 使用方法：将灭火器竖直提至火场，拉出保险插销；压下释放手柄，打开驱动气瓶瓶头阀，驱动气体推动水成膜泡沫灭火剂由虹吸管压出。水成膜泡沫灭火器应对准火焰喷射，尽可能站在上风处释放。

(3) 维护保养：每月应进行检查；存放环境温度为 0～40 ℃；释放完毕应尽快填充药液；应定期检查灭火器，当驱动气体重量减少 10%时，应及时补充。

三、干粉灭火器

(一) 结构

手提式干粉灭火器(见图 2-4-7)根据驱动气瓶的安装位置可分为内装式和外装式 2 种。除此之外,干粉灭火器还包括储压式干粉灭火器(无驱动气瓶)。内装式干粉灭火器是由筒体、筒盖、储气钢瓶、喷射系统和开启机构等部件构成的。外装式干粉灭火器与内装式的不同之处在于二氧化碳驱动钢瓶是采用阀芯式密封的,使用时提起提环,压下压块,由压块把密封芯杆顶下,密封阀芯就会开启,释放出二氧化碳。

储压式干粉灭火器是由筒体、筒盖、喷射系统和开启机构等部件组成的,如图 2-4-8 所示。储压式干粉灭火器结构简单,由于压缩氮气与干粉共储于灭火器筒体内,所以,没有储气瓶和出气管。但为了显示压力,应在筒盖上增加一块压力表。它经常处于加压状态,因此对灭火器的密封性能和耐压强度提出了更高的要求。

图 2-4-7 手提式干粉灭火器

图 2-4-8 手提储压式干粉灭火器

(二) 主要技术性能

干粉灭火器有 MF 型手提式、MFT 型推车式 2 种类型。MF 型手提式干粉灭火器的装粉量为 2～8 kg,喷射距离为 3～5 m,喷射时间为 10～20 s。MFT 型推车式干粉灭火器的装粉量为 35～70 kg,喷射距离为 10～13 m,喷射时间为 20～50 s。

(三) 使用方法

(1) 将灭火器竖直提至火场,上下颠倒几次,拉出保险插销。

(2) 尽可能站在上风方向,压下释放手柄,打开驱气瓶瓶头阀,驱动气体推动干粉由虹吸管喷出。

(3) 使用干粉灭火器扑救火灾时,应从火焰侧面对准火焰根部,水平左右扫射,由近而远快速向前推进,直到把火焰全部扑灭。

(4) 扑救容器内火灾时,应注意不要把喷嘴直接对准液面喷射,以免干粉气流的冲击力使油液飞溅,引起火势扩大,对灭火造成困难。

(四) 维护保养

(1) 干粉灭火器应放置在便于取用和通风、阴凉、干燥的地方,以防筒体受潮腐蚀。

（2）避免暴晒和强辐射热，以防驱动气体气瓶由于气体受热膨胀，压力升高而发生漏气。

（3）各连接件要拧紧，不得松动，喷嘴胶塞要堵好，不得脱落，以保证密封良好。

（4）每年抽查干粉 1 次，防止干粉受潮结块，并将二氧化碳钢瓶称重 1 次，检查其漏损率。如发现干粉结块或气瓶内气量不足，应重新更换干粉灭火剂或充气，以防急需使用时失效。

（5）干粉灭火器在保管、运输和使用过程中，严禁撞击和剧烈震动。

第三节 移动式灭火设备

移动式灭火设备主要包括便携式泡沫发生器和推车式灭火器。便携式泡沫发生器主要用来扑救 A 类机器处所、舱室以及甲板等处的油品火灾。推车式灭火器又称为非便携式灭火器，通常包括泡沫推车式灭火器、二氧化碳推车式灭火器和干粉推车式灭火器。

一、便携式泡沫发生器

（一）组成

便携式泡沫发生器单元由下列部件构成：自导型或与 1 个独立导入器相连的泡沫喷嘴（叉管），能够经消防水龙带与消防总管相连，并带有 1 个装有至少 20 L 浓缩泡沫的便携式储罐，以及至少 1 个带有同等容量浓缩泡沫的备用储罐。图 2-4-9 所示为便携式泡沫灭火装置，图 2-4-10 所示为移动式泡沫灭火装置。当有一定压力的消防水通过该装置的混合器内时，混合器内会形成负压，泡沫液在负压作用下被吸入混合器。在混合器内泡沫液与水混合，在进入泡沫管枪时扩散雾化，同时吸入大量空气而形成泡沫，从泡沫管枪喷出。

图 2-4-9 便携式泡沫灭火装置

图 2-4-10 移动式泡沫灭火装置

（二）技术性能

喷嘴（叉管）及导入器必须能产生适合扑灭油类火灾的有效泡沫，在正常消防总管压力下，泡沫溶液的流量至少为 200 L/min。

（三）使用方法

将连接药桶和泡沫枪的软管连接好，将水龙带一端接在消防栓上，另一端接在泡沫枪上，逆时针打开消防栓，灭火人员应手持泡沫喷枪，并处于着火部位的上风位置，调整灭火距离，使泡沫平稳地覆盖在着火油面或者物体上。

（四）注意事项

（1）该装置应按照要求配备有足够的泡沫液。

（2）对油类火灾，不可直接将泡沫射向油面，这样会扩大火灾，而应对准着火后的舱壁或火场中物体的垂直面等喷射，使泡沫均匀流下覆盖液面。

（3）喷射时如有风，则应使泡沫向顺风方向喷射，避免侧风喷射。

二、推车式灭火器

（一）推车式泡沫灭火器

推车式泡沫灭火器分为推车式空气泡沫灭火器和推车式化学泡沫灭火器。

（1）推车式空气泡沫灭火器。该灭火器筒身内装空气泡沫溶液，驱动气瓶悬挂在灭火器外。驱动气瓶和灭火器之间由高压气管连接，如图 2-4-11 所示。推车式泡沫灭火器一般常配备于机舱内。推车式泡沫灭火器通常有 2 种规格：45 L 和 130 L。

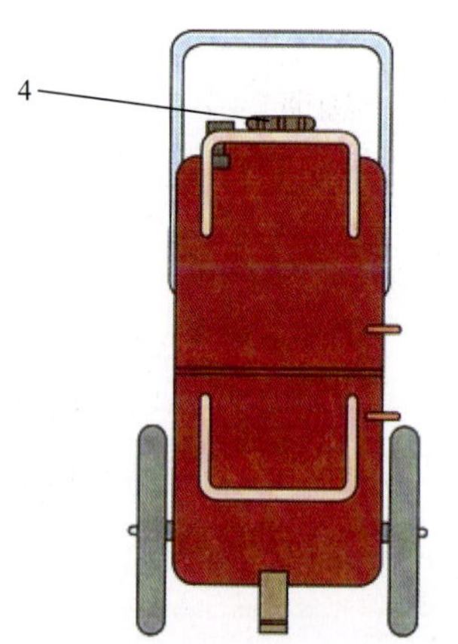

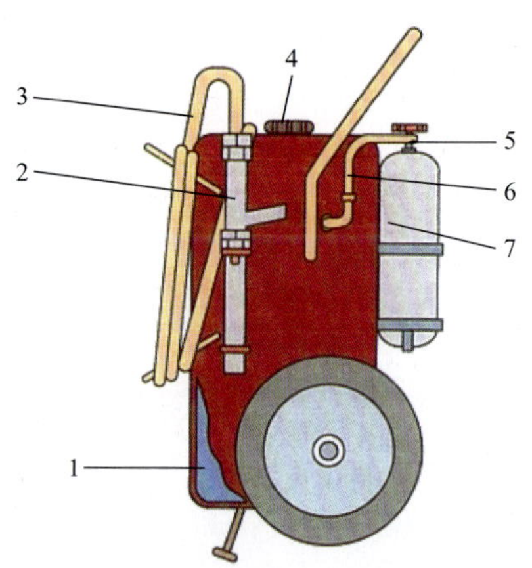

1—蛋白泡沫；2—泡沫喷枪和转环；3—喷射软管；4—螺帽环和制动轮；5—CO_2 阀；6—CO_2 高压管；7—CO_2 钢瓶

图 2-4-11　推车式空气泡沫灭火器结构示意图

（2）推车式化学泡沫灭火器。该灭火器筒身内装碱性溶液，瓶胆内装酸性溶液。瓶胆悬挂于筒身内。胆塞在手轮丝杆的作用下封住瓶口。筒盖上有安全阀，可防止筒身因超压而发生爆炸，如图 2-4-12 所示。推车式化学泡沫灭火器的射程为 16 m 左右，喷射时间约为 170 s。

使用方法：将该灭火器推到火场，一人释放喷射管，手握喷枪对准火源；另一人逆时针旋转手轮，开启胆塞，然后放倒筒身，摇晃几次，使拖杆触地，打开释放网，将泡沫喷射在燃烧面上。

推车式泡沫灭火器的容量一般为 65～100 L，喷射距离为 15～18 m，能持续喷射 170～175 s，发泡倍数和 30 min 内的泡沫消失量与手提式灭火器相同。图 2-4-13 所示为 MPT65 型推车式泡沫灭火器。

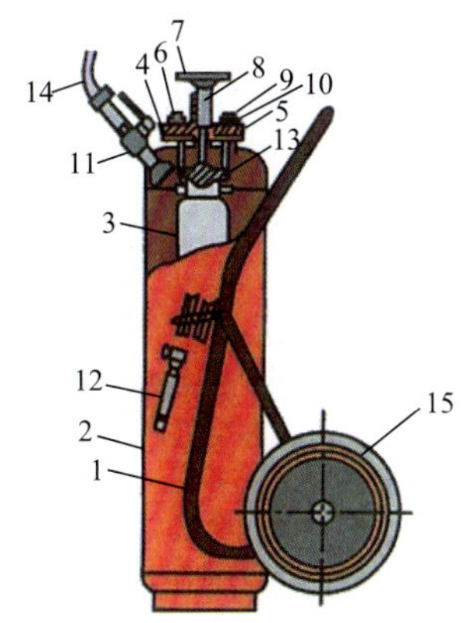

1—车架；2—外筒；3—内筒；4—密封垫筒；5—筒盖；
6—安全阀；7—手轮；8—螺杆；9—螺母；10—垫圈；
11—阀门手柄；12—喷枪；13—密封盖；
14—喷射软管；15—车轮

图 2-4-12　推车式化学泡沫灭火器结构示意图

图 2-4-13　MPT65 型推车式泡沫灭火器

(二) 推车式干粉灭火器

推车式干粉灭火器(见图 2-4-14)由筒体、筒盖、驱动气瓶、转移系统、喷射系统和开启机构等组成。驱动气瓶有 2 种设置形式：内装式和外置式。内装式结构紧凑，美观大方。外置式检查、修理和维护方便。一般海上配备的推车式干粉灭火器有 2 种规格：23 kg 和 40 kg。这 2 种规格分别相当于 45 L 和 130 L 的推车式泡沫灭火器。

使用方法：将灭火器迅速拉(推)到火场，在离着火点大约 10 m 处停下。将灭火器放稳，拔出开启机构上的保险销，迅速打开钢瓶。取下喷枪，迅速展开喷射软管，然后一只手握住喷枪枪管，另一只手扣动扳机，将喷嘴对准火焰根部，喷射干粉。推车式干粉灭火器最好两人配合使用。

(三) 推车式二氧化碳灭火器

推车式二氧化碳灭火器如图 2-4-15 所示。这种灭火器使用灵活、可靠，且灭火后不留痕迹，适用于扑灭醇、油类等可燃液体和电气设备等的初起火灾。其结构与手提式二氧化碳灭火器基本相同，主要不同点在于：多了一个固定和运送灭火器的推车；开启机构全部采用手轮式。推车式二氧化碳灭火器一般有 2 种规格：16 kg 和 23 kg。这 2 种规格相当于 45 L 和 130 L 的推车式泡沫灭火器。

图 2-4-14　推车式干粉灭火器

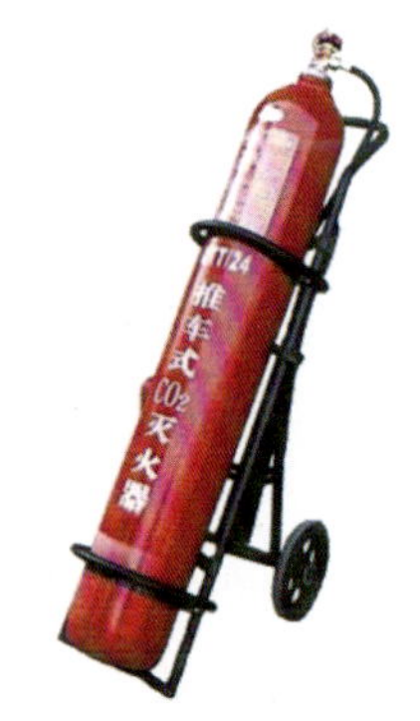

图 2-4-15　推车式二氧化碳灭火器

使用方法：使用时一般由两人操作，首先把灭火器拉（推）到火场附近，在距着火点大约 10 m 处停下，一人迅速取下喇叭喷筒，展开喷射软管后，双手紧握喷筒根部的手柄，把喇叭喷筒对准火焰准备进行喷射，另一人迅速卸下安全帽，逆时针方向旋转手轮，把手轮开到最大位置以释放二氧化碳，灭火方法与手提式二氧化碳灭火器相同。

第四节　固定式灭火系统

固定式灭火系统是指设备安装在某一固定场所，然后用管系接到各舱室的灭火设备。常见的固定灭火系统有水灭火系统、二氧化碳灭火系统、泡沫灭火系统、干粉灭火系统、七氟丙烷自动灭火系统等。

一、水灭火系统

（一）系统组成

水灭火系统主要由消防泵、稳压泵、增压泵、消防总管和环网、自动喷淋系统、消防站等组成。

平台至少需配备 2 台由不同动力驱动的消防泵。柴油机驱动的消防泵应设就地驱动和遥控驱动装置。每台泵的压力应保证从任何 2 个口径为 19 mm 的水枪喷水时，相应消防栓能保持 0.35 MPa 的压力，若安装泡沫系统，则应使泡沫系统保持 0.7 MPa 的压力。

每层甲板应在较为安全的地点至少设置 2 个消防软管站，每一消防软管站应配备一条直径为 38 mm 或 50 mm、长度不大于 20 m 的消防软管。每一消防软管应配一喷水、喷雾两用的消防水枪，消防水枪的标准口径有 13 mm、16 mm、19 mm 3 种。消防水枪、消防软管应存放在同一部位的专用消防箱内。

平台上至少应配备一个符合《国际海上人命安全公约》（SOLAS 公约）中规定的国际通岸接头。

(二) 工作原理

以湿式自动喷水灭火系统为例。平台上与消防水设施相连的立式环网内,平时充满淡水,压力稳定在设定的压力值附近,淡水的补充及增压由稳压泵来完成,正常情况下稳压泵的自动启停由安装在环网上的压力开关来控制。

当平台上发生火灾时,自动喷淋阀或消防水枪打开后,消防泵及增压泵自动启动,稳压泵停止。消防水经由消防泵进入消防环网,然后流经喷淋阀或消防水枪进入相应的火灾区。湿式自动喷水灭火系统的工作原理如图 2-4-16 所示。

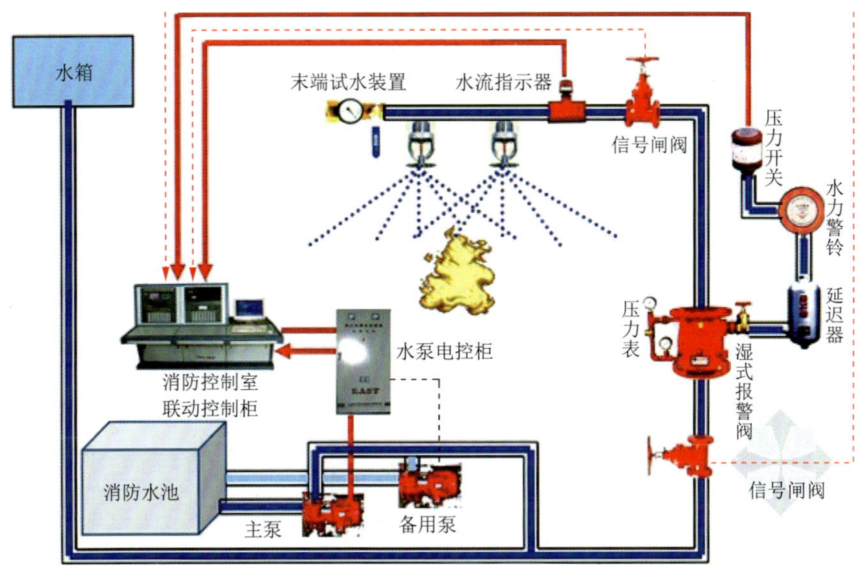

图 2-4-16 湿式自动喷水灭火系统工作原理示意图

平台上的自动喷淋阀正常情况下可由灭火系统自动打开,也可以在控制盘上手动打开。喷淋阀的复位只能就地手动完成。

保护区内消防水压力保持在一定数值,当某一区域发生火灾时,消防系统可按以下 3 种方式运行:

(1) 探测系统探测到火灾状况时,平台中央控制室发出信号,自动启动消防泵和打开火灾区域的控制阀,水/泡沫系统投入运行。

(2) 探测系统探测到异常信号,中央控制室确认,判定是否启动消防泵和火灾区域的控制阀。

(3) 操作人员发现火灾,可启动消防环网消防设施,消防环网压力大幅下降,消防泵通过设定的低压开关启动,同时,也可在消防泵旁人工启动消防泵。

(三) 维护保养

(1) 每周检查 1 次系统设备,查看有无泄漏或机械损坏。对于消防泵,每周利用其测试管线进行启动试验,时间不少于 0.5 h,检查记录消防泵的流量、压头、噪声、振动、发热、密封及动力消耗,发现异常,应尽快进行维修。

(2) 对于应急柴油消防泵，应检查其柴油、润滑油、冷却剂、机油、液压启动油的液位，必要时给予添加或更换。

(3) 对于消防泵和其驱动马达或柴油机的易损部件，根据平台的使用情况及厂商的推荐做法，进行定期的检修或更换。

(4) 系统的喷淋试验应每半年进行 1 次，以检查系统的自动动作和手动动作的可靠性。

(5) 每年对消防泵的工作性能测试 1 次(包括启动压力、功率、流量等)。

二、泡沫灭火系统

(一) 组成和工作原理

泡沫灭火系统主要由炮式喷射器、泡沫喷枪、泡沫比例混合器、控制阀和泡沫罐组成。

泡沫用于有大量碳氢化合物积聚的火灾区，它能在碳氢化合物的表面迅速扩散，并生成一层极薄的膜，覆盖在碳氢化合物的表面，以减少碳氢化合物的蒸发，断绝其与空气的接触，达到灭火的目的。保护区域内泡沫混合液量按一次灭火最大量确定，执行相应的规范。

当压力水通过装置的混合器时，可使水与泡沫液按比例自动混合，并输出混合液，供给空气泡沫发生器或空气泡沫枪，扑灭火灾。

被输送的压力水经管道流入泡沫液储罐，将罐内的泡沫液压出，泡沫液通过泡沫液管道进入压力比例混合器，在混合器中与水按规定比例形成混合液，混合液流出混合器，再通过混合液管道，被送入泡沫产生设备，喷射泡沫进行灭火。

(二) 维护保养

(1) 检查加液管上法兰盖、连接管法兰是否固紧，各种阀门是否关闭。

(2) 每次使用后，必须用淡水将储罐和管道内冲洗干净。内外表面要进行补漆防腐处理。

(3) 灌装泡沫液时，应保持罐内清洁，不得与油类、水及不同型号的泡沫液混用，泡沫液型号不能用错。

(4) 泡沫液避免日光直射，并储藏于温度变化小的场所，要尽量少与空气直接接触。储藏时间较长时，保质期不超过 2 年的泡沫液，应每年进行 1 次泡沫性能检验；保质期超过 2 年的泡沫液，应每 2 年进行 1 次泡沫性能检验。如失效变质，应及时调换泡沫液。

(5) 不得在超出工作压力范围的情况下使用压力式空气泡沫比例混合装置。

(6) 实际使用时，储罐内一定要装满泡沫液。

三、二氧化碳灭火系统

二氧化碳灭火系统主要由自动报警系统、灭火剂储瓶、瓶头阀、启动阀、电磁阀、选择阀、单向阀、压力信号器、框架、喷嘴管道系统等设备组成。

二氧化碳灭火系统可以通过感温、感烟探测器由控制系统来启动，也可以由控制盘及被保护房间外的手动按钮和瓶上的手动按钮启动。当被保护的区域发生火灾时，感烟或感温探测器最先捕捉到火警信息，输出给报警控制设备，发出火灾报警信号及发送灭火指令。灭火指令和火灾报警亦可由人目测后人为发出。火灾指令下达至灭火系统启动有一延时，一般设计为 30 s，这段时间供工作人员安全撤离。

二氧化碳灭火系统的空气调节系统供电与二氧化碳灭火系统联锁，当二氧化碳释放时，通风系统将关闭。二氧化碳灭火系统有以下 3 种控制方式：

（一）自动控制

将报警灭火控制盘上的控制方式选择键拨到“自动”位置时，灭火系统处于自动控制状态。当保护区发生火情时，火灾探测器发出火灾信号，报警灭火控制盘既发出声、光报警信号，同时发出联动指令，关闭联锁设备，经过一段时间的延时，发出灭火指令，打开电磁阀，释放启动气体，启动气体通过启动管道打开相应的选择阀和瓶头阀，释放灭火剂，实施灭火。

（二）手动控制

将报警灭火控制盘上的控制方式选择键拨到“手动”位置时，灭火系统处于手动控制状态。当保护区发生火情时，按下手动控制盒或控制盘上的启动按钮即可按规定程序启动灭火系统，释放灭火剂，实施灭火。在自动控制状态下，仍可实现手动控制。

（三）机械应急控制

当保护区发生火情，控制盘不能发出灭火指令时，应通知有关人员撤离现场，关闭联动设备，然后拔出相应电磁阀上的安全插销，压下手柄即可打开电磁阀，释放启动气体，即可打开选择阀、瓶头阀，释放灭火剂，实施灭火。如此时遇上电磁阀维修或启动钢瓶充换启动气体不能工作，可打开相应的选择阀手柄，敞开压臂，打开选择阀，然后，用瓶头阀上的手动手柄打开瓶头阀，释放灭火剂，实施灭火。

当发出火灾警报，在延时期间发现有异常情况，不需启动灭火系统进行灭火时，可按下手动控制盒或控制盘上的紧急停止按钮，即可阻止控制盘灭火指令的发出。

二氧化碳灭火系统既可用于扑灭带电设备火灾，也可用于扑灭可燃液体火灾。

四、干粉灭火系统

干粉灭火系统能在 30 s 内将干粉灭火剂释放到保护处所，其释放装置有自动和手动 2 种方式，用于扑灭天然气、石油液化气等可燃气体或一般带电设备的火灾。

干粉灭火剂是一种干燥的、易于流动的微细固体粉末，装在容器中时要借助灭火设备中的气体（一般为二氧化碳或氮气）压力将其以粉雾的形式喷撒出来，进行灭火。

干粉灭火剂分为普通干粉灭火剂和多用干粉灭火剂，后者还可扑灭固体火灾。

干粉灭火剂的灭火原理：燃烧反应是一种连锁反应。燃烧在火焰高温下吸收活化能而被活化，产生大量的活性基团，导致燃烧加剧。干粉灭火剂的颗粒对活性基团发生作用，使其成为非活性的物质，中断燃烧的连锁反应，对燃烧起负催化作用和抑制作用，使火焰熄灭。干粉灭火系统的灭火原理如图 2-4-17 所示。

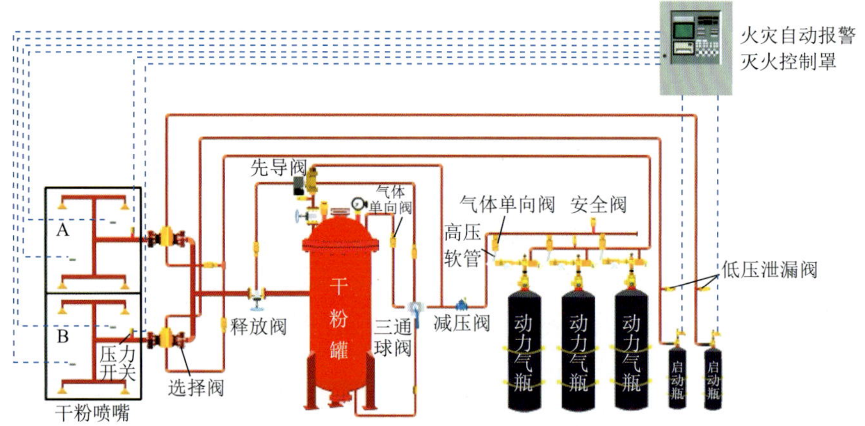

图 2-4-17 干粉灭火系统灭火原理示意图

五、七氟丙烷自动灭火系统

（一）系统组成

七氟丙烷自动灭火系统由火灾探测报警系统、灭火控制系统和灭火装置三大部分组成，灭火装置则主要由灭火剂储存装置、控制阀门及管网系统等几大部分组成。七氟丙烷自动灭火系统的灭火原理如图 2-4-18 所示。

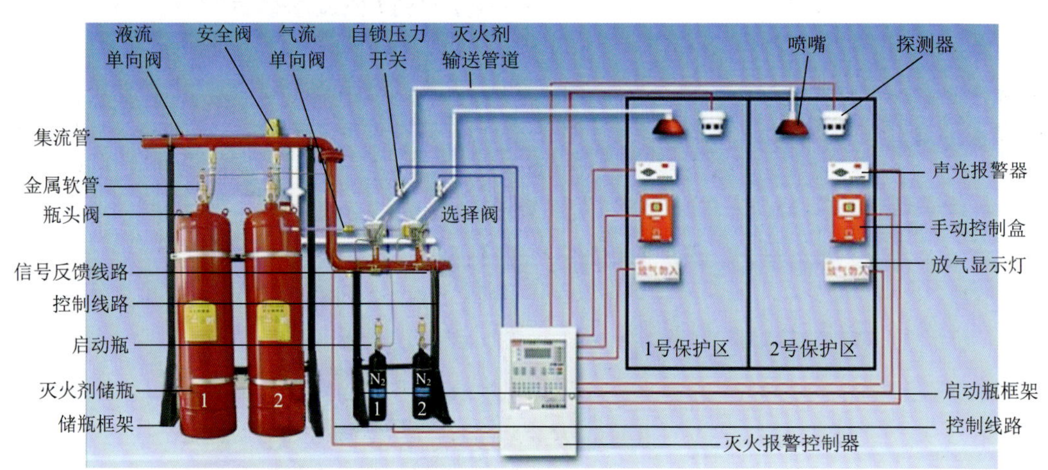

图 2-4-18 七氟丙烷自动灭火系统灭火原理示意图

（二）灭火特点

（1）七氟丙烷是一种无色、无味的气体，对臭氧层的耗损潜能值（ODP）为 0，符合《蒙特利尔公约》要求。

（2）以物理方式和化学方式灭火，是新型高效低毒的灭火剂，它的灭火浓度低，钢瓶使用量少，所占空间小。

(3) 七氟丙烷灭火剂不导电、不含水，不会对电气设备、磁带、资料等造成损害。

(4) 最小设计浓度为7.35%(体积分数)。

(5) 无毒性反应的最高浓度(NOAEL)为9%(体积分数)可用于有人区域。

(三) 适用场合

(1) 可扑灭A、B、C类火灾，能安全有效地使用在有人的场所。

(2) 药剂喷放后，要求不留痕迹或清洗残留物有困难的场所。

(3) 保护区有贵重物品、无价珍宝、珍贵档案以及软硬件等。

(4) 电信主控机房、控制机房、贵重资料室、机房设备等。

第五节　其他消防器材

一、紧急逃生呼吸器

紧急逃生呼吸器是仅在逃离有毒气体舱室时使用的空气或氧气供应装置，它可保护人员从火灾发生处的危险环境中逃生，但不得用于灭火、进入缺氧隔离空舱或舱室，或由消防员佩戴。它具有以下特点：体积小、重量轻、操作简单、使用方便，可手提、肩挎或挂在颈部，适合各类人员使用。

紧急逃生呼吸器由储气瓶、瓶头阀、头罩或全脸面罩和挎袋组成，如图2-4-19所示。头罩和面罩由耐火材料制成，并包括1个清晰的视窗。储气瓶的储气量大于400 L，容积为2.2～3 L，额定工作压力为21 MPa，供气量大于35 L/min，应至少能够供应使用者不少于10 min的使用时间。

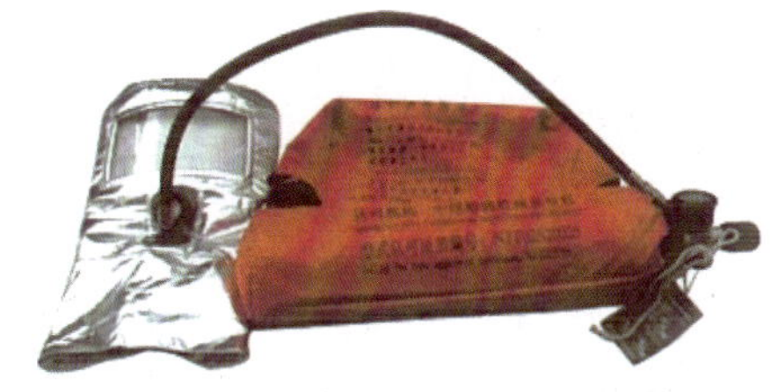

图2-4-19　紧急逃生呼吸器

紧急逃生呼吸器应存放在便于取用之处，每月检查瓶头阀上的压力示值，若气瓶内的压力低于额定工作压力的95%，应进行检查或充气；气瓶应每3年检验1次，检验合格后方可继续使用。

二、防毒面具

防毒面具按防护原理可分为过滤式防毒面具和隔绝式防毒面具，如图2-4-20所示。过滤式防毒面具由面罩、滤毒罐(或过滤元件)、导气管、防毒面具袋等组成，隔绝式防毒面具由面具本身提供氧气，分储气式、储氧式和化学生氧式3种。

过滤式防毒面具是一种过滤式呼吸防护用品，是利用面罩与人面部周边形成密合，使人员的眼睛、鼻子、嘴巴和面部与周围染毒环境隔离，同时依靠滤毒罐中吸附剂的吸附、吸收、催化作用和过滤层的过滤作用将外界染毒空气净化，提供人员呼吸用洁净空气。

图 2-4-20　防毒面具

为了防止造成面部皮肤过敏，高级防毒面具已由采用普通橡胶改为采用优质硅胶制作的全面罩主体，抗老化、防过敏、耐用、易清洗。各种防毒面具的材质和结构不同，但都可以参照同样的使用方法，以下为硅胶大视野防毒面具的使用方法：

（1）防毒面具使用前应检查：面具是否有裂痕、破口，确保面具与脸部贴合密封；呼气阀片有无变形、破裂及裂缝；头带是否有弹性；滤毒盒座密封圈是否完好；滤毒盒是否在使用期内。

（2）防毒面具的佩戴：将面具盖住口鼻，然后将头带框套拉至头顶；用双手将下面的头带拉向颈后，然后扣住；面具戴上后要仔细检查连接部位及呼气阀、吸气阀的密合性，方法是用手掌盖住呼气阀并缓缓呼气，如面部感到有一定压力，且没感到有空气从面部和面罩之间泄漏，表示佩戴密合性良好；若面部与面罩之间有泄漏，则需重新调节头带与面罩排除漏气现象，确认密合性良好后方可投入使用。使用时如闻到毒气微弱气味，应立即离开有毒区域。过滤式防毒面具只能在空气中有毒气体含量（体积分数）小于 2%，氧气含量（体积分数）大于 18%的情况下使用。

三、防火毯

防火毯是用耐火材料制成或经过防燃浸渍处理的专用毯，一般用石棉制成，也可是用其他耐火材料浸渍过的毯子，如图 2-4-21 所示。规格多为 1.2 m×2 m，平时放在专用的箱子里。着火刚开始时，可用毯子盖上，使火源与空气隔绝，以达到窒息灭火的目的。另外，用帆布或毛毯制成的毯子也可临时用作消防毯，但使用时必须先用水浸湿。

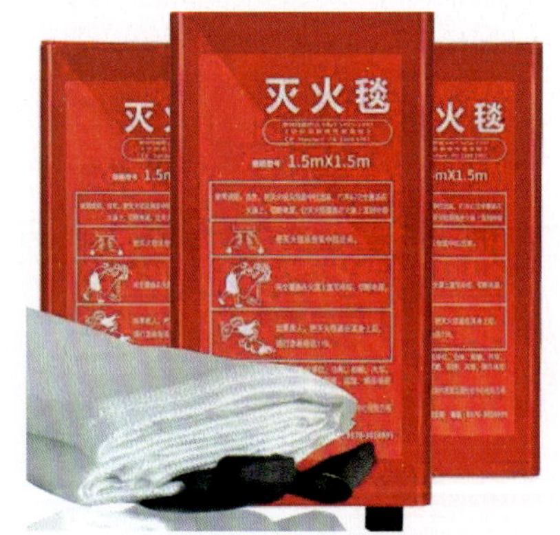

图 2-4-21　防火毯

四、应急消防泵

海上设施至少需配备 2 台由不同动力驱动的消防泵（一用一备），其中一台可兼作海水泵。每台泵的排量应能满足任何一个防护区一次火灾所需要的 100%的水量，并随时可用。应急消防泵是平台动力消防泵失去作用后，用于给固定式灭火系统供水的泵。应急消防泵需单独设置，主要有电驱动与柴油机驱动2种方式。配有发电机的大型海上设施通常采用电驱动方式。应急消防泵主要有手动启动和遥控启动等方式。其操作规程如下：

（一）遥控启动

（1）打开应急消防泵吸入阀。

（2）检查控制面板上的电源指示灯是否点亮。

（3）按下“启动”按钮，工作指示灯亮起，泵进入正常打水状态。

（4）调节进口阀门以满足泵出口压力流量要求。

（5）水泵需要停止工作时，按下“停止”按钮，工作指示灯熄灭。

（6）关闭应急消防泵吸入阀。

（二）手动启动（应急消防泵间）

（1）手动盘泵确认无卡阻。

（2）检查并确认出口阀在打开状态。

（3）按下“启动”按钮，工作指示灯亮起，泵进入正常打水状态。

（4）调节进口阀门以满足泵出口压力要求。

（5）停泵时，按下“停止”按钮，工作指示灯熄灭，水泵停止工作。

（6）关闭应急消防泵吸入阀。

五、国际通岸接头

国际通岸接头作为连接的公共接头，是一种大小转换接头，用钢材或其他等效材料制成并设计成能承受1.0 MPa（N/mm^2）的工作压力，如图2-4-22所示。大头为国际统一规格；小头为永久附连于消防栓或消防水带的对接口。

图2-4-22 国际通岸接头

火灾扑救

海上石油作业火灾的产生也是由初起、发展、猛烈、衰减、熄灭等各个阶段组成的。然而，各个阶段发展的快慢，不但和燃烧物质的性质、数量、温度、风向等有关，而且还和海上石油作业设施的结构、作业性质有密切关系，正是由于上述诸多因素的影响，使得火灾扑救工作更加复杂，因而火灾扑救需要遵守一定的原则和程序。

第一节　火灾扑救原则与程序

一、火灾扑救基本原则

为保障海上设施火灾扑救有组织进行，必须做好应急预案编制及应变部署工作，使大家明确内容和职责，同时每个员工还必须熟悉火灾扑救的原则和要求。

(1) 先控制，后扑救。只有控制住火势，有效阻止其蔓延，才能为迅速扑灭火灾创造有利条件。

(2) 先查清火情，后行动扑救。针对火灾种类，正确部署力量，实施有效的灭火方法和措施。

(3) 救人重于救火。根据人员和火势情况，救人与救火可以同时进行，但绝不能因救火而贻误救人机会。

(4) 彻底扑灭余火。火灾基本扑灭后，仔细彻底检查，消灭余烬，防止死灰复燃。

(5) 灭火没有希望时，应采取弃平台措施。

二、扑救程序

如果发现火灾，应按以下程序进行扑救：

(1) 发现火灾，即刻报警。如多人同时发现，只需一人报警，报告火灾位置，其他人员则在现场努力做好火灾的控制、扑灭工作。

(2) 断开与灭火无关的管路线路等。

(3) 组织人员备好器材工具火速赶往现场。现场人员 1 min 内形成第一灭火力量，其他人员应在 3 min 内形成第二灭火力量。

(4) 根据火情控制火势。火势被基本控制的标志:所有火势可能蔓延的途径都已被封堵并有效控制;有效的灭火剂准确释放到火床上;火焰逐渐减弱,产生的热量不足以引燃附近物品。

(5) 按照预案规定,各负其责,灭火、救援、隔离等分组行动,灭火后清理火场,再检查、再确认,扑灭余火,防止死灰复燃。

(6) 火灾扑灭后,保护好现场,协助调查火灾原因。总结经验教训,组织整改落实。

第二节 井喷失控火灾扑救

井喷失控火灾是钻井作业中性质严重、损失巨大的灾难性事故,在钻井过程中一旦发生井喷失控火灾将造成极大的危害。井喷失控火灾发生后,由于地下强大压力,火柱冲天,吼声如雷,辐射热十分强烈,百米之内难以靠近。

一、井喷火灾的特点

井喷火灾的火焰一般在气柱上燃烧,压力愈大,气柱愈长,火焰愈高,热辐射愈强,火焰温度也更高,短时间内能把钻机烧红,使金属熔化,井架倒塌。有的井喷也具有间歇性,气柱火焰时大时小,间歇阶段是灭火最佳时机。

井喷火焰的喷射,常因气流和环境的影响而多变,或成为不规则的燃烧,极易造成大面积的火灾。井喷时响声大,噪声大,影响通信联络。

二、灭火对策

(1) 扑救井喷火灾需要调动大量人力物力,要有打持久战、攻坚战的灭火指导思想,并切实做好后勤保障工作。火场上要成立火场指挥部,吸收各参战单位的领导、工程技术人员加入,实行统一指挥、统一行动。加强火情侦察,确定战斗部署,明确战斗分工,根据不同情况,确定相应对策,采取正确的灭火方法,力争在短时间内一举扑灭火灾。

(2) 井喷尚未起火时,就要聚集水枪,用喷雾水流驱散井喷周围的可燃气体,冷却设备,同时要严防爆炸起火;井喷起火后,先要清除井场周围设备,清除射水灭火的障碍,冷却井口设备,并设置警戒区防止飞火蔓延,扑救外围火要采取加厚泡沫层的扑救方法,使继续喷出的油火落入泡沫层内自行熄灭,不再复燃。

(3) 对一般井喷火焰应采取分两层平行切割的方法。第一层是在井场三面各设 2 支水枪对准火焰根部和井口之间喷射,冲击气流,隔离未燃气体与火焰的接触;第二层也要在井场三面各设 2 支水枪对准火焰根部喷射。待水枪攻击点全部射中目标后,同步缓慢抬高水枪仰角,将火焰掐断。

(4) 对于多股井喷火焰,应用干粉、水枪联合灭火。也可采取水枪掩护切割,将多股火焰变成一股,再按一股井喷火焰法灭火。

（5）有效地利用水枪，选择好水枪射击点，水枪最好选口径 19 mm 以上的。对于向上喷射的火焰，可将水流射向火焰根部，并逐渐上抬；水平喷射火焰，也要击中火焰根部，且顺着火焰喷射方向的下部打击火根。

（6）采用工艺灭火方法时，如井喷火灾由于井底压力过大爆破套管，在放喷管线上燃烧，可采用导流泄压的工艺措施，将其他阀门打开放喷，降低井口压力，然后再采取上述灭火方法灭火；也可采用钻（完）井液压井灭火、清水压井灭火和打斜井灭火等压井工艺灭火措施。

三、注意事项

（1）疏散井场多余人员，准确掌握间歇井喷射时间，防止情况突变时造成人员伤亡事故。

（2）在组织精干力量灭火时，应以精干消防队员组成抢险主攻组。对缺乏实践经验和没有受过实际训练的水枪手要事先组织演练，再实施灭火。在灭火过程中，灭火人员要适时调整和轮换，并要注意人身安全。

（3）灭火后应用喷雾水驱散余气，特别是近战灭火更要防止喷火、回火伤人。

（4）灭火后应继续冷却井架等设备，并用喷雾水流驱散余气，防止复燃。

第三节　甲板火灾扑救

当海上石油设施上的输油管破裂或油舱满溢时，甲板上最有可能发生大量油料着火。在这种情况下，采取以下措施是必不可少的：

（1）尽快关闭输油管路。

（2）防止火蔓延到有油气的油舱或油气处理区。

如果有浓烈的烟气吹向救火人员，就必须佩戴呼吸器。

一切油舱开口必须尽快关闭，采取有效措施以掩护消防队员接近人员难以接近的甲板开口。

干粉作为先头灭火剂是非常有效的。但是，干粉灭火剂没有冷却作用，所以应用泡沫或水雾作为后续支援，冷却降温。

如果使用泡沫，应将其释放到燃油可能蔓延到甲板的路径上，这样做能把火场限制住，直到油流停住。

用泡沫覆盖火场中的油面时，应尽可能和缓释放，以免油被溅出而扩大火势，还可避免冲破覆盖在油面上的泡沫层。能够和缓释放泡沫的方法有：

（1）将泡沫喷射到油舱口围板或其他垂直面来缓冲射流。

（2）将泡沫以雾状的形式释放到油面。

（3）将泡沫喷射到甲板上反跳至油面。

如果溢出的油尚未着火，可以在油面上覆盖泡沫以防止着火。泡沫对于已经挥发出来的油气是没有防火作用的，但是它能够抑制产生更多的油气。在无风的天气情况下，已经挥发出来的油气积聚在甲板周围可能达到危险浓度，可以用水雾，甚至用手提排气风扇把这种油气驱散。危险浓度的油气对身临其中力图将其驱散的消防人员来说是很危险的。甚至在火已熄灭之后，在火场中所有表面冷却下来之前，火仍有复燃的可能性。

第四节　泵舱火灾扑救

当泵舱失火时，可用泡沫或水雾灭火。如果救火人员是在舱里工作，即使火势比较小，也必须戴上呼吸器。如果火不能用手提式灭火器控制住，必须利用泡沫或二氧化碳等固定式灭火装置进行扑救。不管使用哪种固定式灭火系统，泵舱口和其他开口都应关闭，通风机的风扇应停止。有的通风系统中的风扇，灭火系统一旦启用，其就会自动停止运转。

如果在泵舱里没有安装固定式灭火系统，或者现有的灭火系统丧失作用，用手提式灭火器或消防软管无法控制火灾时，泵舱应封闭，所用的通风设备应关闭。只要泵舱保持密封，不让空气进入，火最终是会熄灭的。

不但要扑灭火，而且必须防止火蔓延。全部油舱的开口都应关闭，如有可能，泵舱前后的油舱应用惰性气体保护。泵舱附近的甲板和上层建筑，应该用固定式喷射器或消防软管喷洒水雾冷却。假如机舱前舱壁和泵舱相邻，应喷洒水雾冷却。

当火被扑灭之后，在所有能起作用的部件还没有全部冷却之前，泵舱不可打开，以防止火复燃。这段时间长达几个小时，如果不遵守该预防措施，火可能会重新燃烧起来。

在火灾扑灭后，人进入泵舱之前，泵舱应彻底通风，以驱散毒气和烟雾，保证人进入泵舱内时有足够的氧气。在使用窒息气体灭火之后，氧气的含量问题尤其重要。

火场逃生

第一节　火场逃生的原则

火灾时火势的发展、烟雾的蔓延是有一定规律的，火场同时也是千变万化的，被浓烟烈火围困的人员或灭火人员，一定要抓住有利时机，就近利用一切可以利用的工具、物品，想方设法迅速撤离火灾危险区，在众多人员被大火围困的时候，一个人的正确行为，往往能带动更多人的跟随，就会避免一大批人员的伤亡。因此，火灾逃生的基本原则应被大家了解和掌握，当我们突遇火魔侵袭的时候就能在熊熊大火中顺利逃生。

一、火灾对人的危害

（一）缺氧

人们正常呼吸时空气中的氧气含量（体积分数）为21%左右。在这种情况下，人们的思维敏捷，判断准确，身体各个部位不会出现不良反应。由于火场上可燃物燃烧消耗氧气，同时产生毒气，使空气中氧气的含量降低。特别是建筑物内着火，在门窗关闭的情况下，火场中的氧气会迅速减少，使火场中的人员因缺氧而窒息死亡。空气的含氧量降低对人体的影响主要有以下几种症状：

当氧气在空气中的含量由21%下降到15%时，人体的肌肉协调受到影响；如继续下降至14%～10%，人虽然有知觉，但判断力会明显减退（患者自己并不知道），并且很快感觉到疲劳；降到10%～6%时，人体大脑便会失去知觉，呼吸及心脏同时衰竭，数分钟内可死亡。但在未死亡之前，用新鲜空气或氧气及时救治，可使缺氧的人慢慢复活。

（二）高温

火场上由于可燃物质多，火灾发展蔓延迅速，气体温度在短时间内即可达到几百摄氏度。空气中的高温能损伤呼吸道。当火场温度达到49～50 ℃时，能使人的血压迅速下降导致循环系统衰竭。只要吸入的气体温度超过70 ℃，就会使气管、支气管内的黏膜充血起水泡，组织坏死，并引起肺水肿而窒息死亡。据统计分析，人在100 ℃环境中即出现虚脱现象，丧失逃生能力，严重者会造成死亡。在火场，经常可以发现体表几乎完好无损的死者，经医学解剖，发现这些死者大多是由于吸入过多的热气而致死的。

（三）烟尘

火场上的热烟尘是由燃烧中析出的碳粒子、焦油状液滴，以及房屋倒塌时扬起的灰尘等组成。这些烟尘随热空气一起流动，被人吸入呼吸系统后，会堵塞、刺激内黏膜，有些甚至能危害人的生命。其毒害作用随烟尘的温度、直径大小不同而不同，其中温度高、直径小、化学毒性大的烟尘对呼吸道的损害最为严重。飞入眼中的烟粒子使人流泪，损伤人的视觉；烟尘进入鼻腔和喉咙后，受害者进行呼吸时就会打喷嚏和咳嗽。气流里的烟尘冷却到一定程度，水、蒸汽、酸、醛等便会凝结在这些烟尘上，如果吸入这种充满水分的颗粒，很可能把毒性很大或是刺激性的、不同成分组成的液体带入人的呼吸系统。

（四）毒性气体

火灾中可燃物燃烧产生大量烟雾，其中含有一氧化碳（CO）、二氧化碳（CO_2）、氯化氢（HCl）、氮的氧化物（NO_x）、硫化氢（H_2S）、氰化氢（HCN）、光气（$COCl_2$）等有毒气体。这些气体对人体的毒害作用很复杂。由于火场上的有害气体往往同时存在，其合并作用比单独吸入一种毒气的危害更为严重。这些毒性气体对人体有麻醉、窒息、刺激等作用，损害呼吸系统、中枢神经系统和血液循环系统，在火灾中严重影响人们的正常呼吸和逃生，直接危害人的生命安全。

火灾中的缺氧、高温、烟尘、毒性气体是危害人身的主要原因，其中任何一种危害都能使人致死。

（五）心理影响

当处在火场这样特殊的环境中时，在火焰、浓烟、毒气的刺激下，人将会产生特殊的心理，出现过度恐慌、惊慌、绝望、从众等心理状态。人的心理具有能动性，在火场中的非理性心理往往会导致错误的判断，产生非理智的错误行为，会导致比火灾本身更加严重的灾害。

二、逃生原则

发生火灾先报警。一旦火灾发生，不能因为惊慌而忘记报警，要立即按警铃或打电话。报警越早越快越清楚，损失越小，逃生概率越大。

（一）保持冷静不惊慌

被大火围困时，千万不要惊慌，必须树立坚定的逃生信念和必胜的信心，决不能采取盲目跳海等错误行为。要保持冷静的头脑和稳定的心态，设法寻找逃生机会逃出火场。

（二）择路逃生不盲从

逃生路线的选择要做到心中有数，不能盲目追从别人而慌乱逃窜，否则会延误自己顺利撤离，还容易感染别人引起骚乱。逃生时要选择路程最短，障碍少而又能安全快速抵达安全区域的路线。

(三) 逃离险情不恋财

时间就是生命,火灾袭来时,生死攸关,没有什么东西比生命更重要,应迅速撤离危险区,不要因贪恋财物而丧生。

(四) 注意防护避烟毒

资料表明,火灾死亡人数中 80%是由于烟毒引起的。因此,逃生时要加强个人防护,防止和减少烟气的吸入。应用水将毛巾等浸湿,捂住口鼻,防止吸入有毒烟气。用水浸湿地毯等包裹好身体,就地滚出火焰区逃生。

(五) 逃生避难看环境

当所处的环境突发火灾逃生困难时,封闭楼梯间、防烟楼梯等可作为临时避难场所。

(六) 逃离火场防践踏

在逃生过程中,极容易出现聚堆、拥挤,甚至相互踩踏的现象,造成通道堵塞和发生不必要的人员伤亡,故在逃生过程中应遵循依次逃离原则。

(七) 利用条件找出路

在发生火灾时,要充分利用生活区内的各种消防设施。

(八) 穿过烟区弯腰跑

火场中一般烟把整个空间充满是要一定时间的,利用这段时间可以成功逃生,所以在逃生过程中要弯腰跑,千万不要站立行走。

(九) 电梯逃生不可行

发生火灾后,千万不要乘坐生活住舱内的电梯逃生。因为一般电梯不能防烟绝热,加之起火时最容易发生断电,故人在电梯内是十分危险的。

(十) 逃生途中不乱叫

不要在逃生过程中乱跑乱窜,大喊大叫,这样会消耗大量体力,吸入更多的烟气,还会妨碍正常疏散而发生混乱,造成更大的伤亡。

(十一) 身上着火不乱跑

身上着火时千万不能奔跑,因为越跑补充的氧气越充分,身上的火就越大,也不可将灭火器对准人体喷射,这样可能导致身体感染或加重中毒,可以就地打滚或用厚重的衣物压灭火焰。

(十二) 室内着火闭门窗

发生火灾时不能随便开启门窗,防止新鲜空气大量涌入,火势迅速发展蔓延,甚至发生轰燃。

（十三）披毯裹被冲出去

火势不大，要当机立断披上浸湿的衣服或裹上湿毛毯、湿被褥勇敢地冲出去。千万别披塑料雨衣等易燃可燃化工制品。

（十四）顾全大局互救助

自救与互救相结合，当被困人员较多时，在确保自身安全的情况下要积极主动帮助他人首先逃离危险区，有秩序地进行疏散。

第二节 火场逃生方法

逃生的方法多种多样，由于火场的火势大小、被围困人员所处位置和使用的器材不同，所采取的逃生方法也不一样。

一、火场逃生方法

（一）立即离开危险区域

一旦在火场上发现或意识到自己可能被烟火围困，生命受到威胁，要立即放下手中的工作，争分夺秒，设法脱险，切不可延误逃生良机。脱险时，应尽量观察，判明火势情况，明确自己所处环境的危险程度，以便采取相应的逃生措施和方法。

（二）选择简便、安全的通道和疏散设施

逃生路线的选择：应根据火势情况，优先选择最简便、最安全的通道和疏散设施，如舱室着火时，首先选择疏散楼梯、普通楼梯。

（三）准备简易防护器材

逃生人员往往要经过充满烟雾的路线，才能离开危险区域。此时，如果浓烟呛得人透不过气来，可用湿毛巾、湿口罩捂住口鼻，无水时干毛巾、干口罩也可以。在穿过烟雾区时，即使感到呼吸困难，也不能将毛巾从口鼻上拿开，一旦拿开就有立即中毒的危险。在穿过烟雾区时，除用毛巾、口罩捂住口鼻，还应将身体尽量贴近地面或爬行穿过危险区。

如果门窗、通道、楼梯等已被烟火封锁，冲出危险区有危险时，可向头部、身上浇些冷水或用湿毛巾等将头部包好，用湿棉被、湿毯子将身体裹好或穿上阻燃的衣服，再冲出危险区。

（四）创造避难场所

在各种通道被切断，火势较大，一时又无人救援的情况下，在没有避难间的建筑里，被困人员应设法创造避难场所与浓烟烈火搏斗。当被困在房间里时，应关紧迎火的门窗，打

开背火的门窗。但不能打碎玻璃，若窗外有烟进来，还要关上窗子。如门窗缝隙或其他孔口有烟进来，应用湿毛巾、湿床单等物品堵住或挂上湿棉被等难燃或不燃物品，并不断向物品上和门窗上洒水，最后向地面洒水，淋湿房间内的一切可燃物。要运用一切手段和措施与火魔搏斗，直到消防队到来，救助脱险。

避难间及场所是为救生而开辟的临时性避难的地方。因火场情况不断变化，避难场所也不会永远绝对安全，所以不要在有可能疏散的条件下不疏散而一味采取措施避难，因此失去逃生的机会。避难间要选择在有水源和能同外界联系的房间。一方面有水源能进行降温、灭火、消烟以利于避难人员生存，同时又能与外界及时联系。如房间内有电话，要及时报警，如无电话，可用明显的标志向外报警，夜间要用发光体等向外报警。在海上石油设施上可以选择卫生间、洗脸间、洗澡间待救。求救方法可以选择敲击水管线呼救。

二、火场逃生注意事项

火场逃生一定要迅速，动作越快越好，切不要为穿衣或寻找贵重物品而延误时间，要树立时间就是生命、逃生第一的思想。

切勿跳海。当各通道全部被烟火封死时，应保持镇静。在火场逃生的时候，其他的人正在救火或者到救生艇甲板集合，一旦跳海逃生，很有可能因其他人员无法及时发现并解救，导致葬身大海。

逃生时要注意随手关闭通道上的门窗、防火风闸及通风设备，以阻止和延缓烟雾向逃离的通道流窜。通过浓烟区时，要尽可能以最低姿势或匍匐姿势快速前进，并用湿毛巾捂住口鼻。不要向狭窄的角落退避，如床下、墙角、桌子底下、大衣柜里等。

如果身上衣服着火，应迅速将衣服脱下，脱不下时应就地沿一个方向滚动，将火压灭。但应注意不要滚动过快，更不要身穿着火衣服跑动。衣服着火的人员不要大声呼喊，呼喊会使自身的呼吸道造成严重的烧伤。不要用手去拍打着火的衣物。

火场中不要乘坐普通电梯。一是发生火灾后，往往容易断电而造成电梯卡壳，给救援工作增加难度；二是电梯口通向舱室各层，火场中的烟气涌入电梯通道极易形成烟囱效应，人在电梯里随时会被浓烟毒气熏呛而窒息。

防火防爆

海上石油设施上易燃易爆物品较多，加强此类设施的防火防爆工作显得十分重要。

第一节　防火防爆基本知识

一、平台危险区域的划分

按照设施不同区域的危险性，划分3个等级的危险区。

（1）0类危险区，是指在正常操作条件下，连续出现达到引燃或者爆炸浓度的可燃性气体或者蒸气的区域。

（2）1类危险区，是指在正常操作条件下，断续地或者周期性地出现达到引燃或者爆炸浓度的可燃性气体或者蒸气的区域。

（3）2类危险区，是指在正常操作条件下，不可能出现达到引燃或者爆炸浓度的可燃性气体或者蒸气；但在不正常操作条件下，有可能出现达到引燃或者爆炸浓度的可燃性气体或者蒸气的区域。

设施的作业者或者承包者应当将危险区等级准确地标注在设施操作手册的附图上。对于通往危险区的通道口、门或者舱口，应当在其外部标注清晰可见的“危险区域”“禁止烟火”“禁带火种”等标志。

每个油气平台都有危险区划分图，该划分图是经由第三方发证检验机构（即具权威性的船级社）批准的，具有准法律性质，不可随意更改和变动。

二、防爆电气安全基本知识

在平台任何危险区域或处所，应避免安装电气设备，若无法避免，则应根据需要选用适当的防爆电气设备。平台上通常使用下列几种类型的防爆电气设备：

（1）本质安全型（标志 ia）。

（2）本质安全型（标志 ib）。

（3）隔爆型（标志 d）。

（4）通风、充气型（标志 p）。

（5）增安型（标志 e）。

0 类危险区必须选用本质安全型（ia）的电气设备。1 类、2 类危险区应按表 2-7-1 选用电气设备。

表 2-7-1　1 类、2 类危险区应选用的电气设备类型

1 类危险区	2 类危险区
通风、充气型（p）	增安型（e）
隔爆型（d）	通风、充气型（p）
本质安全型（ib）	隔爆型（d）
本质安全型（ia）	本质安全型（ib）
	本质安全型（ia）

在 0 类危险区内敷设的电缆必须是符合本质安全型（ia）设备要求的适当类型的电缆和符合本质安全型电路的要求。可根据表 2-7-2 选择敷设于 1 类、2 类危险区内的电缆。

表 2-7-2　1 类、2 类危险区应选用的电缆

防爆区内电缆（动力、照明、控制、通信）	1 类危险区	2 类危险区
电缆敷设于带螺纹的硬金属导管内	○	○
MI 型（矿物绝缘金属包皮电缆）	○	○
MC 型（有连续气密的铝护套，外面有聚氯乙烯或其他相当的材料包覆）	○	○
铠装船用电缆	○	○
SNM 型（非金属包皮屏蔽电缆）		○
MV 型（中压电缆）		○
TC 型、PLTC 型（非金属包皮电缆）		○
非铠装船用电缆		○
没有连续气密铝套的 MC 型电缆		○

三、防火防爆注意事项

（一）防火注意事项

（1）没有得到批准，任何人不准使用明火。

（2）在设施的禁烟区内，任何人不得吸烟。

（3）在危险区内必须使用无火花型手动工具，不得穿用带铁钉或钢钉的鞋，以免产生火花。

（4）在各危险区内的工作人员，必须穿着棉布或经防静电处理的工作服。

（5）在各类危险区内的操作，应严格注意防静电措施。

(6) 各类电气设备和工具、仪表装置均应按规定要求,可靠地接地。

(7) 设施防火人人有责,任何人发现油或气渗漏或溢出,或其他任何可能导致火灾的起因,均应向安全监督或值班人员报告,以便采取紧急措施,消除火灾隐患。

(二) 防爆注意事项

(1) 设施上的所有人员都应熟知本设施危险区域的划分,了解可燃气体爆炸的危害及其预防知识。

(2) 在危险区域内的工作人员,都应了解可燃气体的爆炸极限范围及爆炸条件。

(3) 严格按照规范要求处置危险区域可燃气体探测系统的报警。

(4) 在进行各类工作时,时刻注意检查可燃气体聚积处的浓度,所用的检查仪器要定期保养、维修和进行标准检验,确保仪器工作正常和检测的数据准确可靠。

(5) 杜绝溢油、漏气等事故的发生。

(6) 注意火灾与爆炸之间有下述因果关系:

① 火灾引起爆炸:当油舱(罐)区等发生火灾时,在火场高温影响下,有可能产生爆炸。为此要特别注意在火场和易燃品间清理出一条安全隔火带,同时采用大量冷却水冷却,使易燃品处于不可燃的低温状态,以防发生爆炸。

② 爆炸引起火灾:爆炸抛出的燃烧物,很可能引起大片火灾。例如,局部小范围的爆炸,如不加强防火措施,便可连锁地导致其他可燃物质燃烧而发生火灾。

第二节 静电的危害及消除

随着海上石油工业及其他工业领域规模和范围的不断扩大,有案可查的静电火灾爆炸事故不断发生,仅由于产生一个静电火花,就可能使大型石油设施毁于一旦,这使人们逐步认识到静电事故在生产上的危害,并着手深入研究其规律与防灾措施。

一、静电的产生

静电主要是通过物质的相互摩擦和感应而产生的。它发展到危险状态要经历 3 个基本过程:第一,电荷的分离(带电);第二,电荷的积蓄;第三,火花放电。

二、消除静电的措施

(一) 防止人体带电

人体带电的途径主要是由于自身活动,接触其他带电体和感应引起人体带电。因此,为解决人体带电对石油生产与储运的危害,必须严格做好以下几点:

(1) 人体接地。

(2) 穿防静电鞋。

(3) 穿防静电工作服。

(4) 工作地面导电化。

(5) 危险场所严禁脱衣服。

在危险区域且介质最小点燃能量小的场所工作时,不准脱衣服,因为在脱衣服时,人体和衣服上产生的静电可达到数千伏的高电位,极易形成火花放电而点燃可燃性气体或发生爆炸事故。

(二) 工艺控制

工艺控制是指从工艺上采取相应的措施,用以限制和避免静电的产生和积蓄。

(三) 接地线、搭接线

安装接地线和搭接线的目的是导除静电,以免积聚较高的电位。

(四) 增湿

带电介质在自然环境中放置,所带静电荷会自行逸散。逸散的快慢(一般用半衰期来衡量)与介质的表面电阻率或体积电阻率大小有关。而介质的电阻率又与环境的湿度有关。因此在有静电危险的场所,在工艺条件许可时,可以安装空调设备、高湿度空气静电消除器、加湿器,也可用蒸汽或洒水、挂湿布片等方法来提高空气的绝对湿度,达到消除静电的目的。

(五) 化学防静电剂

防静电剂也叫做防静电添加剂,它具有较好的导电性与较强的吸湿性。因此在容易产生静电的高绝缘材料中,加入防静电剂之后能降低材料的体积电阻或表面电阻,加速静电泄漏,消除静电危险。

(六) 静电消除器

静电消除器是指将气体分子进行电离产生消除静电所必需的离子(一般为正、负离子对)的装置。其原理是使与带电物体极性相反的离子向带电物体移动,中和带电物体的电荷,从而达到消除静电的目的。

静电引起爆炸或火灾的条件之一是有燃烧、爆炸性混合物存在。除消除静电外,还应采取措施防止形成危险性混合物。一是以不可燃介质代替可燃介质。这样不仅防止了静电的引燃,而且杜绝了一切着火的根源;二是降低爆炸性混合气体的浓度。为防止爆炸混合物的形成,可在爆炸和火灾危险场所采用通风装置或抽气装置及时排出爆炸性混合物,使其浓度不超过爆炸下限,以及用不燃介质(惰性气体)稀释某一场所内的可燃气体,从而防止静电火花引起爆炸或火灾。

第三节 测爆仪与测爆

为了避免火灾爆炸等事故发生，应及时了解油气含量是否达到爆炸极限范围，这就需要用仪器进行测爆。测爆是防火防爆的重要措施之一。

一、测爆仪

测爆仪也称为可燃气体检测仪，是检测可燃性气体和蒸气的仪器，如图 2-7-1 所示。测爆仪按采样方式不同可分为扩散式和泵吸式 2 种，按仪器的检测原理不同可分为催化燃烧式、热导式以及红外线吸收式等。测爆仪能够快速检测危险气体是否低于爆炸下限或可燃气体体积分数，适用于数百种可燃性气体和蒸气。

图 2-7-1 测爆仪

二、测爆仪的使用方法和注意事项

测爆仪的具体操作应注意 4 个方面：一是测爆步骤；二是正确选择测试点；三是测爆安全标准；四是测爆应注意的事项。

（一）测爆步骤

检验（校核）测爆仪；了解被测对象；现场测试；检测结果分析。

（二）测试点的选择

对封闭处所的探测，在垂直方向必须取 3 处位置，即舱口附近、舱中部和底部，自上而下测试。

当舱口所测读数不超过爆炸下限值的 5%（对于油气约相当于 500 ppm）时，可在专人监护下，到舱内做进一步检测，当读数在爆炸下限值的 5%～10%时，应进行通风，并在专人监护和佩戴面具的情况下，才可入舱做进一步检测。在舱底检测时，应选择前、后、左、右 4 点。此外，对于舱室的死角、边角和低洼地区应一一测量。

（三）测爆安全标准

（1）测爆仪读数为 5%以下时，一般来说，人员可以进入，做外观检查和在舱内进行测爆，也可进行清除油泥、敲铲除锈等所谓“冷工作业”。

（2）当测爆仪读数为 1%以下时，经过进舱检查确认舱内已无残油、泥污、锈垢等足以再生油气的物质，同时邻舱也符合上述条件，可允许在该舱内进行所谓的“热工作业”。

这里还应指出，对于油气的检查并不是一劳永逸的，其结果只能代表检测时的这一状态。只要舱内残存油污，便可能产生新的油气，而且随着时间延长，气温变化、通风情况等因素的变化可能使油气浓度再度进入危险状态。另一方面，管系油泵及附属设备，难免会有油垢残存，致使舱内油气浓度也会随时间、气温和通风等因素的变化而改变。因此，应视情况不断进行检测，方能确保安全。

(四) 测爆应注意的事项

(1) 测试前应用标准气样检验测爆仪器的准确性。

(2) 检查测爆仪器电压是否足够，并在新鲜空气中调“零”位。

(3) 被测处所含氧量为21%时，测爆仪的读数才可靠。

(4) 为确保测量读数的准确性与可靠性，测试时必须采用2台测爆仪，这样互核后的参数才是可靠的。

(5) 测爆仪指针到满刻度后，随即回“零”位，表示可燃气体的浓度已高于爆炸下限值，别误以为爆炸气体已经清除。

(6) 测爆仪仅能用单一的可燃气体作为标准气样予以校验，所以在测试其他混合可燃气体时必然有一定误差。因此，必要时应与标准气样的曲线相校核。

第三部分

救生艇、筏的操纵

全封闭式救生艇

在海上作业的平台应按要求配置各种救生设备，其中救生艇是一种具有一定浮力、充裕稳性、能搭载一定人数的刚性小艇，是海上作业人员最主要的应急救生设备。在海上平台遇难的紧急情况下，救生艇能帮助人员脱险和救助落水人员，以保障作业人员的生命安全。除此以外，必要时救生艇还可用于短途运送伤员及物资、联络交通和海上演习等。

第一节　救生艇的种类、结构及性能

一、救生艇的种类

救生艇按结构形式不同可分为开敞式救生艇和封闭式救生艇 2 种。

(1) 开敞式救生艇。它是一种没有固定顶篷装置的救生艇，如图 3-1-1 所示。

开敞式救生艇的优点是上层比较宽敞，人员登乘无障碍，人员在艇内活动方便，而且操作简单。其缺点是没有支架和顶篷，人员暴露于自然环境中，遇 4～5 级以上风浪时，艇内人员就会受到海水侵袭，如果没有保暖防护品，寒冷天气下，艇员的生命将会受到威胁。天气炎热时，人员又会受到烈日暴晒，导致中暑等日射病。

(2) 全封闭式救生艇。它是指艇上部有固定的顶盖的救生艇，如图 3-1-2 所示。

图 3-1-1　开敞式救生艇

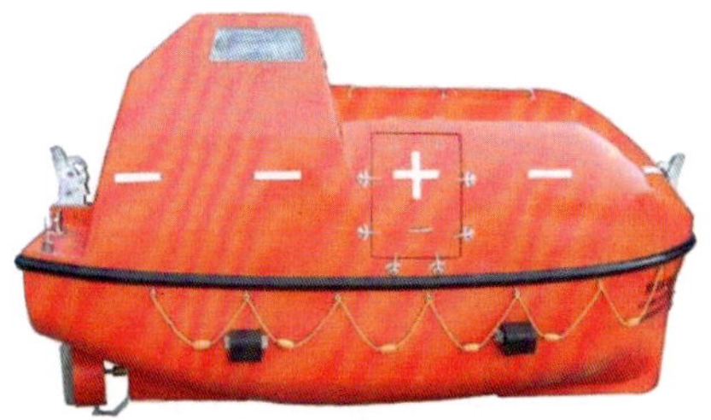

图 3-1-2　全封闭式救生艇

全封闭式救生艇设有内外能开启和关闭的通道盖，使艇员能方便地出入艇内，该通道关闭时能保证水密性，具有良好的保温隔热性能；顶盖上设有顶窗来保证艇内光线充足；一般都具有自我扶正功能。当然，封闭式救生艇也有一些不便因素，如进出口较小给高大体壮的乘员进出带来不便，艇内瞭望人员观察的窗口小不便于观察瞭望等。

二、封闭式救生艇的结构及性能

（一）封闭式救生艇的结构

封闭式救生艇（见图 3-1-3）的整个艇体结构均由玻璃钢材料浇铸而成，艇体包括上壳体、下壳体、内壳体三部分。内壳体与下壳体之间形成了各种箱体、座位和浮力箱。在浮力箱内充满了聚氨酯泡沫塑料。它除了提供足够的浮力外，也起绝缘保温作用，在艇下壳体外板受损的情况下，海水也不会进入艇内。

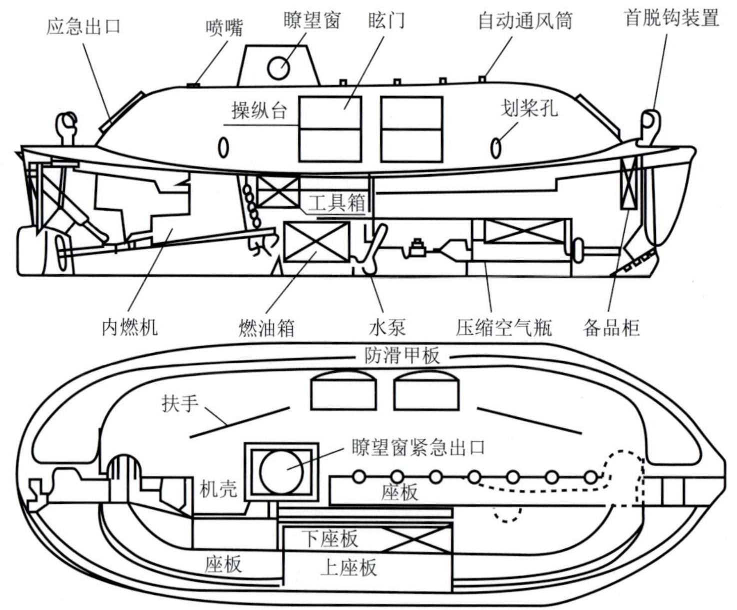

图 3-1-3　封闭式救生艇结构示意图

在艇的中部两侧面分别开有舱门，部分救生艇采用后舱门结构。在艇艏部和驾驶台顶部各设有一个舱口盖。所有的门、舱口盖均有内外把手锁紧装置。在每个把手处都贴有“OPEN”（开）和“CLOSED”（关）的标牌。

艇内每个座位上均备有一副四点固定式单扣环安全带，可对乘员起到良好的保护作用。

（二）封闭式救生艇的性能

1. 救生艇的稳性

救生艇的形状及尺度比例应使其在风浪中保持充裕的稳性，当 50%定额的乘员从正常位置移至艇的中心线一侧时，救生艇应是稳定的，即能保持正浮状态。

2. 救生艇的干舷

救生艇的干舷是水线量至救生艇可能变成浸水状态的最低开口处。救生艇在载足全部乘员及属具后具有足够的干舷，救生艇的干舷至少为救生艇长度的 1.5%，或 100 mm，取其大者。

3. 救生艇的浮力

救生艇应具有一定的剩余浮力(由设置在艇内的空气箱或其他不受海水、原油或石油产品不利影响的自然浮力材料提供)，当艇内浸水和破漏通海时，仍足以将满载额定乘员及一切属具的救生艇浮起。

4. 救生艇的强度

在载足全部乘员和属具以及滑架和护材在位时，能经受碰撞速度至少为 3.5 m/s 的船舷冲击力，并能经受从至少 3 m 高度投落水中。

5. 自行扶正能力

封闭艇载足全部额定乘员和属具后，关闭艇上所有开口，乘员用安全带固定在座位上。当艇在海上航行或漂浮时，万一被大风浪打翻，封闭艇倾覆并翻转 180°能够自行扶正，恢复到原来正常漂浮状态。

如果有人没有系好安全带而掉到了翻转后的顶篷上，此时掉下去的人应在艇内移动，使艇的重心偏移，封闭艇便可自行扶正。

第二节 封闭式救生艇的配备及属具

一、封闭式救生艇的配备

海上石油设施应当配备刚性全封闭机动耐火救生艇，能够容纳设施上的总人数，或者浮式设施上总人数的 200%。

无人驻守设施可以不配备刚性全封闭机动耐火救生艇。在设施建造、安装或者停产检修期间，通过风险分析，可以用救生筏代替救生艇。

二、救生艇的存放

救生艇应存放在尽可能靠近起居处所和服务处所的地点，为能尽快登上艇提供方便。同时设有集合站，能容纳指定在该集合站集合的所有人员。在通往集合站和登乘站的通道、梯道和出入口应设有应急照明灯，在集合站和登乘站也应有足够的照明设备，其电源应由应急电源提供。

三、救生艇的属具

救生艇的属具除艇篙外，其他的物品都应储存在柜内或舱室内，或以其他适宜的方式系固于艇内。

封闭艇配备的属具应包括：

(1) 足够数量的可浮桨，以供在平静海面划桨前进。每支桨应配齐桨架、桨叉。

(2) 带钩艇篙 2 支。

(3) 可浮水瓢 1 只，水桶 2 只。

(4) 救生手册 1 本。

(5) 内装涂有发光剂或具有适当照明装置的有效罗经的罗经柜 1 具；该罗经柜应固定在操舵位置。

(6) 海锚 1 只，配有浸湿时还可以用手紧握的耐振锚索和收锚索各 1 根，其强度在任何海况下均适用。

(7) 艇首缆 2 根，其长度不小于从救生艇存放位置至最低天文潮位水面之间距离的 2 倍，并至少长 30 m。

(8) 太平斧 2 把，救生艇首尾端各 1 把。

(9) 水密容器数个，内装总量为救生艇额定乘员每人 3 L 的淡水。

(10) 按总数为救生艇额定乘员每人配备不少于 10 000 kJ 的救生口粮，并存放在水密容器中。

(11) 附有短绳的不锈水勺 1 个。

(12) 不锈饮料量杯 1 个。

(13) 降落伞火箭信号 4 支。

(14) 手持红光火焰信号 6 支。

(15) 橙黄色烟雾信号 2 个。

(16) 适于摩氏通信的防水手电筒 1 只，连同备用电池 1 对及备用灯泡 1 个，装在防水容器内。

(17) 日光信号镜 1 面，包括与船舶和飞机通信用法须知。

(18) 印在防水硬纸上，或装在防水容器内的《国际海上人命安全公约》所规定的救生信号图解说明表 1 张。

(19) 哨笛或等效的音响号具 1 只。

(20) 急救药包 1 套，置于使用后可盖紧的防水箱内。

(21) 每个乘员配防晕船药 6 剂和清洁袋 1 个。

(22) 水手刀 1 把。

(23) 开罐头刀 3 把。

(24) 系有长度不小于 30 m 浮索的可浮救生环 2 个。

(25) 手摇泵 1 具。

(26) 钓鱼用具 1 套。

(27) 对发动机和其附件作小调整用的足够数量的工具。

(28) 适于灭油类火灾的手持灭火器 1 具。

(29) 探照灯 1 具，可在黑夜对距离 180 m 处宽度为 18 m 的浅色物体有效照明总共达 6 h，并至少能连续使用不少于 3 h。

(30) 雷达反射器 1 具。

(31) 不少于额定乘员的10%使用的保温用具或2件。

(32) 布油袋和镇浪油箱各1个,箱内装鱼油、动物油或植物油4.5 L。

第三节 救生艇的检查与保养

封闭式救生艇是海上最主要的应急救生设备,平时必须加强检查和保养,使其随时可用并处于良好的工作状态。主要应做好如下几项工作:

(1) 救生艇及其属具应设立专门账册,艇内属具与备品都详细载入册内,检查时间间隔、备品有效期等都有记载。一般每个月按其内容详细地清点检查1次,发现短缺过期、不合格应予补充和换新,并做记录。

(2) 每周对所有艇及降落设备做外观检查,以确保能立即使用。

(3) 检查艇机燃油及润滑油是否足够,不足应立即补充。还要对艇机在其所规定的最低温度以上的环境温度下进行启动,并进行正车和倒车操作。

(4) 每月更换1次淡水(密封罐装的除外),气温在0 ℃以下时,要做好防冻工作,以免容器被冻裂。

(5) 每半年检查1次食品,发现过期、变质应及时更换。

(6) 年度进厂修理时,对空气箱进行水密试验,或根据验船师的要求进行其他必要试验。每年要取得救生艇合格证书。

(7) 艇的内外表面要每年刷涂油漆1次,以保持其颜色鲜明。对其外表面的反光带,发现破损、脱落、反光效果不佳时应给予更换。

(8) 每隔30个月应将吊艇索的两端调头使用。如发现吊艇索损坏而有必要时,应予换新。无论如何吊艇索每隔5年都应更换。

(9) 要检查艇机能否正常启动。

全封闭式救生艇的释放及回收

第一节　全封闭式救生艇的释放

一、吊艇架

海上石油平台上配备的吊艇架是储存和升降救生艇的设施，海上平台上的每艘救生艇均应配置1副独立的吊艇架。海上平台上采用的大都是固定重力式吊艇架（米兰达式）。

适用于海上平台的外悬型双吊点（单吊点）固定式吊艇架（见图3-2-1）安装在海上平台伸出海面的甲板边缘。它由2片桁架和1个起艇机组成，桁架有足够的强度，并与海上平台上的强力构件焊接相连。在2片桁架的顶上，有1个起艇机，其上装有1台起艇机和吊艇索导向滑轮。从海上平台到起艇机有1直梯相连。在收放救生艇过程中，吊艇架始终保持不动，而是依靠救生艇自身的重力作用通过收短或放长吊艇索来达到降落或回收救生艇的目的。

图3-2-1　固定重力式吊艇架

在吊艇架上装有 2 套电源限位开关，当回收艇时，艇碰到限位开关，电源被切断，起艇机自动停止工作，确保收艇时的安全。然后再用手摇起艇装置，将艇提升到正确的存放位置。

在吊艇架上还设有救生艇固定索具，每片桁架上有 1 套，当艇回收后用来将其绑牢，防止艇在外力作用下摇动。或在吊艇架下方甲板边设置限位销，在救生艇上设置限位孔，当艇回收后限位孔套入甲板边的限位销，防止救生艇在外力作用下摇动。

对于固定重力式吊艇架，乘员可直接在救生艇的储放位置登艇，并具有放艇迅速、操作简单、安全可靠等优点，在海上石油平台上被广泛采用。

二、救生艇的释放程序(重力式吊艇架)

(一) 人员集合

所有人员听到救生信号后，迅速到救生艇甲板集合，并执行应变部署表中各自的任务，开始做放艇前各项准备工作。其中 2 人登入艇内，塞上艇底塞，检查首尾缆的固定状况和止荡索的固定状况；传下缆绳，从吊艇索靠舷内一侧传出，尽量向前带缆，检查其他属具与物品固定状况。同时尽快检查机器，启动艇机。艇长命令其他放艇人员放下登艇绳梯(如有，解开所有稳索，松开艇架上的安全栓)。

(二) 放艇

一切准备工作就绪，艇长检查各处情况后，下令放艇，操纵吊艇机人员抬起吊艇机上的刹车手柄，艇靠自身重量下降滑至舷外，至艇甲板，停止放艇。

(三) 人员登艇

人员在救生甲板上登艇。如果艇已放到水面上，人员可通过登艇梯上艇。在紧急情况下，只有按照一定顺序登艇才能保证全部人员迅速逃生。良好的秩序是顺利登艇的重要保证。

登艇的顺序为：妇女儿童、老弱病残、其他艇员、艇长。所有人员必须听从指挥，通常先登艇的人应坐到舱内最里面(离舱门最远)的位置，其他艇员按照由里向外顺序依次坐定，并扎紧安全带；舱门处的座位应留给最后一名登艇者，他将负责关闭舱门，并固定舱门处的安全带。

离艇的顺序与登艇顺序正好相反。

(四) 继续放艇

艇长操纵遥控钢丝绳放艇，艇的下降速度应控制在规定范围内，有的吊艇机有自动控制速度装置。全封闭式救生艇采用遥控装置，大大缩短了救生艇降落的时间。

(五) 脱钩

将艇放置在水面后，就要迅速解脱吊艇钩。目前艇上配备有联动脱钩装置，设在艇中央，用于控制解脱首尾吊艇钩。当艇着水后，拉动脱钩装置，首尾吊艇钩就同时解脱。

（六）离开海上设施

救生艇脱钩后应迅速离开遇险位置，并保持在 0.25 n mile（海里）左右，但也不可太远，等待救援。

三、自由降落入水式救生艇的释放方法

该救生艇共有 3 种释放方式：一是自由降落下水；二是自由漂浮；三是重力式降落。

（1）自由降落下水：采用此种降落方式时艇员在存放位置登艇，坐好并系好安全带。艇长控制液压手动泵打开自由降落“锁”，打开后艇靠重力沿滑道下滑，自由降落入水。之后，启动艇机，迅速离开适当的距离等待救援。

（2）自由漂浮：在海上设施下沉或严重倾斜至横倾 75°、纵倾 20°时，都能自由漂浮至水面。艇员在存放位置登入艇内，关闭出入口，坐好并系好安全带。当设施下沉时，前后固定装置由于浮力作用被打开，艇就自由漂浮上来，启动艇机，迅速离开，等待救援。

（3）重力式降落：艇员在存放位置登艇，打开所有固定索，人员坐好。自由降落“锁”打开，通过遥控装置释放吊艇机上的刹车，吊艇吊杆随艇一起滑出。到一定位置，吊艇吊杆停止滑出，艇继续下降直至水面。打开位于艇内的脱钩装置，艇即脱离。启动艇机，迅速离开，保持适当的距离，等待救援。

第二节　全封闭式救生艇的回收

全封闭式救生艇训练演习完毕或因其他原因用过之后，需要回收到原来的固定位置。回收救生艇的操作程序如下：

（1）海上平台上的操作者在平台操纵起艇机的按钮开关，将起艇机的起艇钢丝绳吊环下放到距海平面约 2 m 的高度位置。

（2）将救生艇驶到吊艇架的正下方，艇内首尾处各 1 人，打开艇首尾的舱口盖分别探出身体，检查吊艇钩是否处于正确位置。

（3）艇内操作者要重新检查吊艇钩释放手柄是否处于锁紧位置，并插好 T 型安全销。

（4）艇外操作人员把起艇钢丝绳的吊环分别挂到吊艇钩上并合上制动卡子。

（5）当挂钩完成，艇员可示意操作人员，给出起吊信号，开始起吊救生艇。

（6）当救生艇起吊出水后，液压装置将自动锁住释放手柄，保证了收艇的安全性。此时艇内驾驶员可熄火，停止主机转动。

（7）起艇机以 4～8 m/min 的速度匀速上升，将艇回收至距海上平台约 20 cm 时，吊艇索定位卡碰到限位开关，电源断开，起艇机自动停止工作。

注意：回收救生艇时，海上平台上的操作者的眼睛要始终注意观察吊环和艇的位置，如果救生艇回收至距海上平台约 20 cm 时，艇仍不停止，操作者应马上按下艇机的停止按钮，使艇停止上升。

(8) 艇内乘员顺序离艇。

(9) 操作者到起艇机海上平台,使用手摇把将救生艇提升到正确存放位置,使艇与靠垫靠牢。

(10) 装上辅助吊艇索的插销,然后稍抬起艇降落操纵杆,使辅助吊艇索受力,而吊艇索松弛。

(11) 检查艇内情况,打开排水阀或海底排水塞。

(12) 关闭救生艇所有舱门、舱盖,并给救生艇系上各种固定安全索。

救生艇的操纵

救生艇作为海上石油平台在发生事故后救生的重要工具，承载着海难事故发生时最后的希望，能够帮助遇难人员摆脱险境和及时救助打捞落水人员，以保障平台作业人员的生命安全。除此之外，还可用于海上演习等。

第一节　水流和风对操艇的影响

水流和风是海上最自然的现象，救生艇在航行或靠离操纵中，随时都会受到水流和风的影响。

一、水流对艇航行的影响

(1) 逆流：救生艇在航行中，水流从艇首正前方向来时，流向与航向相反，水流使艇后退，所以减慢了艇的前进速度。

(2) 顺流：救生艇在航行中，水流从艇尾正后方向来时，流向与航向一致，水流使艇增加了前进速度。

(3) 横流：救生艇在航行中，水流从正横方向来时，流向与航向垂直，水流使艇向下流横移，叫做横压。

(4) 艇在航行中，水流从艇首左(或右)前方来时，不但使艇降低航速，还使艇向下流横移。水流从艇尾左(或右)后方来时，使艇增加航速，但同时也产生横压。

二、风对艇航行的影响

通常把小于左右舷 10°方向来的风称为顶风，也叫艇首来风。把大于左右舷 170°方向来的风称为顺风，也叫艇尾来风。把左右舷 80°～100°之间来的风称为横风，也叫正横来风。救生艇在离、靠码头时，习惯上把救生艇吹近码头的风叫做吹拢风，把救生艇吹离码头的风叫做吹开风。

(1) 顺风:艇在航行中,风从艇尾正后方吹来,风向与航向一致,风能使艇增加航速。

(2) 逆风:艇在航行中,风从艇首正前方吹来,风向与航向相反,风能使艇降低航速。

(3) 横风:艇在航行中,风从正横方向吹来时,不但产生横压,一般也使艇首向下风偏转。

(4) 艇在航行中,风从艇首左(或右)前方吹来时,不但使艇减速,而且产生横压,可能使艇首向下风偏转,使艇陷于横浪的危险。

(5) 艇在航行中,风从艇尾左(或右)后方吹来时,虽可使艇增加航速,如果舵效不好,也可使艇陷于横浪。

救生艇在航海及操艇过程中,一般情况下,五级风以上(含五级风)时,才考虑风的影响。五级风以下时,只考虑水流的影响。在实际操艇时,应预先估计风速、风向,并利用当时环境及时调整艇首方向,切不可使艇陷于横浪危险中。

第二节　救生艇航行操纵

一、航行要求

救生艇航行包括大风浪中航行、雾中航行、火区航行等。

(一) 大风浪中航行

救生艇在大风浪中航行是非常危险的,特别是在横浪中航行,一旦与波浪周期发生共振,就有被打翻的可能;若采用艇首与风浪垂直航行,则艇有被压入浪下的危险,最容易引起乘员晕船。正确的操作方法是采用艇首与涌浪方向成20°～30°角度航行,同时应保障救生艇有一定的航速,以产生顶风顶浪的舵,保持此角度和舵效直至大风浪过后再恢复航向。船上人员保持低姿坐好,切不可站立或在艇上做不必要的走动,防止因救生艇颠簸而跌倒或跌入海中。

(二) 雾中航行

救生艇在进入雾区中航行时,航速不能太快,打开示位灯,及时观察艇首附近的目标,注意规避。

(三) 火区航行

救生艇在火区中航行,首先应判明冲出火区的方向,一般应向上风方向航行。其次是关闭所有的门窗,打开应急供气系统和应急喷淋系统,最后是加大油门,驾驶救生艇穿过危险区,在安全的区域等待救援。

二、封闭式救生艇的航行操纵方法

救生艇在海上航行时,舵起着举足轻重的作用。舵是用于控制救生艇转向的重要装置，主要由舵轮、操舵装置、舵机和舵组成。救生艇在航行的时候，如果舵叶位于正中，水流对称地流过舵叶两侧，不产生舵力；如果要左舵，则流过舵叶左边的水流流程短，速度减小，压力升高，而舵叶右边的水流流程长，速度增大，压力降低，所以要左舵时艇尾向右转；要右舵时艇尾向左转。影响舵力的主要因素有：舵叶的面积、流经舵叶的水流速度、舵角和舵至艇体重心的距离。舵叶面积和舵角越大，产生的舵力越大；舵叶至重心的距离越长，救生艇转动的力矩就越大。

螺旋桨正转时，叶面推动海水加速向后成螺旋状排出。同时，从叶背方向吸入补充排出的水流。通过这种排出和吸入水流的运动来推动救生艇航行。

（一）操舵

操舵舵令是：正舵、左舵、左满舵、回舵。要右舵也是如此。

左舵、右舵，10°～15°；左（右）满舵，35°；正舵，0°。舵的效果与舵角的大小和艇的速度有关。

（二）应急舵杆的使用

如果液压操舵系统失灵，可使用应急舵杆手动操舵。

应急操舵：在液压操舵系统失灵的情况下，可使用备用舵杆直接操舵，备用舵杆放在艇尾尾门附近。

操作步骤：

（1）转动液压舵球阀手柄（见图 3-3-1）与液压油缸平行（转动 90°），液压舵球阀位于救生艇尾部左侧。

（2）按照驾驶员要求，一名艇员将备用舵杆完全插入舵柄上的套管内，此时操舵就完全由备用舵杆（见图 3-3-2）控制，驾驶员应直接下达操作指令。

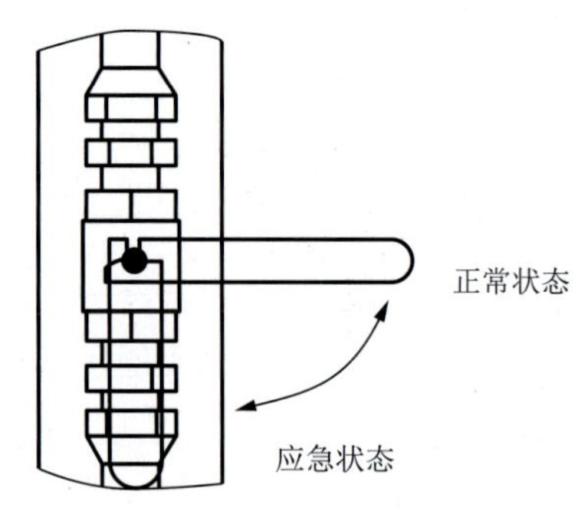

图 3-3-1　液压舵球阀手柄

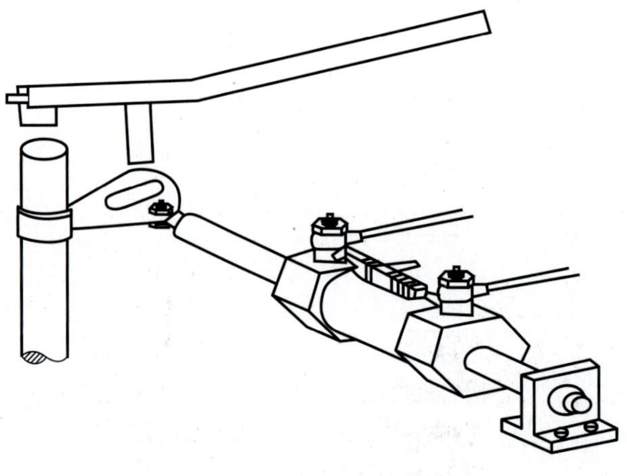

图 3-3-2　备用舵杆

（三）划桨

当油料耗尽或主机及轴系发生故障时，可以使用2支桨（见图3-3-3）划动救生艇。在救生艇两侧门的相应处提供了桨叉架。

救生艇需要划桨航行时，首先固定好桨叉。封闭式救生艇内每舷配有2只划桨：前桨和后桨。荡桨时，桨手分别坐在救生艇的左右两舷，右舷桨手为单号，左舷桨手为双号，由艇尾向艇首排序编号。桨手面向艇尾坐好，1号、2号桨手为领桨，3号、4号桨手为头桨。荡桨口令：桨向前、一起划、一起退、左进右退、右进左退、桨挡水、顺桨。

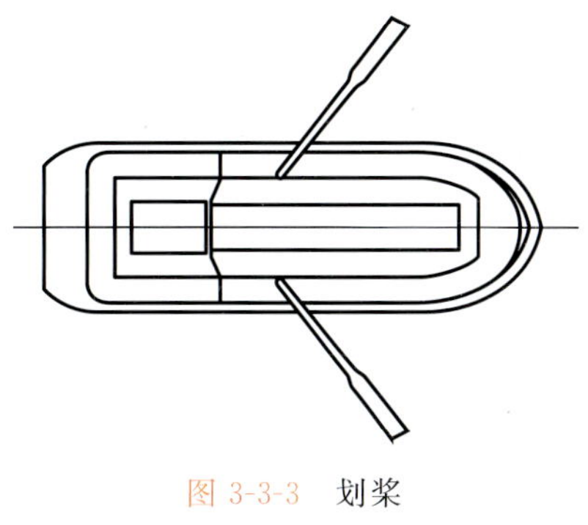

图3-3-3　划桨

三、救生艇靠离平台操纵

（一）离开平台操纵的方法

在救生艇着水之前，启动好艇机，并把舵位打向离开平台的舵向，艇脱钩后，立即驾驶救生艇顺着预定的航向离开平台，当艇尾部分明显离开平台边时，则可以加全速向上风水域驶去。

（二）靠泊平台操纵的基本方法

（1）采用顶风、顶流靠，艇首与舷梯成30°～40°的角度靠拢。

（2）放慢速度，控制好前冲距离，避免碰撞，可使用碰垫，及时用艇篙顶住或钩住。

（3）有风浪时，应从平台下风方向靠近。

四、救助遇险人员

（一）从海里搭救落水人员

从海里救人是困难的，对海里的人和艇内的人都是危险的，因此必须进行训练，以便能够成功地进行救助。如前所述，海里的人在跳入水中时有可能受伤，肺里有可能灌入水等，除此之外，其体温必定过低。救助人员在救助时，必须细心照顾这些人员。搭救的一般程序为：

（1）驾驶救生艇缓缓迎风行驶，当艇首距落水者1.5 m驶过时，向落水者打满舵。

（2）用艇篙、缆绳、扶手救生环或伸出桨篙等搭救落水者。帮助落水者靠拢救生艇，再将他们扶拉上艇，如图3-3-4所示。

（3）如果可能，落水者应立即抓住漂浮绳索，确保安全。

图3-3-4　搭救落水人员

(4) 将人救入后,马上关闭艇门,报告艇长。

(5) 应使被救上的人员躺在艇内,将腿抬高,即使有知觉也要这样做。落水者被救后易产生突然的高血压(由于突然失去水的静压力),若让刚被救上的人站立甚至可能发生突然死亡。

(6) 从海里救起的人员应按"受伤人员"的方法处理,尤其要重视关于体温过低的处理方式。

除非不得已的情况,否则艇内乘员不得跳进水中救助落水人员。

(二) 从救生艇向直升机转移人员

人员从救生艇撤离时,关键在于遵守纪律,服从指挥,整个救助过程由直升机控制。

如果从直升机放下一位营救人员,他将负责救生艇上的一切事情,否则由艇长负责。

如与直升机间有无线电联系,救助指令由直升机发出。一般首先提升受伤人员。在伤亡严重或通话不便的情况下,可先派一名未伤人员到直升机,以安排担架等救助工作。

应遵守以下程序:

(1) 任何人员不得到艇顶部去!若没接到命令则所有人必须坐在艇内,应穿上救生衣或保温服。

(2) 救生艇应迎着风浪,尽可能保持静止,应使直升机向艇靠近,不允许用救生艇靠近直升机。

(3) 救生吊带通过一控制绳和重锤向下释放。注意:重锤浸于海中后方可接触救生带,以防止静电击人,重锤必须一直浸在水中。控制绳决不允许系于救生艇上。

(4) 当吊带放到甲板位置时,需要有人到艇门口抓住救生绳,把救生带拉入艇内。注意:脱开齿轮箱,以免控制绳缠进推进器。

(5) 被转移者坐在舱门处,另一人帮助按下列程序系上吊带:

① 拿住吊带。

② 将一只手臂穿过吊带,然后从头和肩部套过,再将另一只手臂和肩套过。

③ 让吊带位于背部,保证吊带围在救生衣外,检查吊带和吊环是否缠结,束紧吊带。

(6) 让被转移者站在舱门外,发出起吊信号。

(7) 被转移者在到达直升机前,不得乱动。

(三) 从救生艇向另一船转移

从救生艇上向任何其他船上转移人员都有可能使人员受伤。如果救生艇和艇上人员均未受伤,一直待在艇内也是安全的。

在恶劣的天气下,应考虑是否推迟人员转移,以便转移工作能顺利安全进行。转移人员需要纪律严明,采取如下措施:

(1) 必须安排一人指挥,其他人必须听从命令。

(2) 千万不要站在艇顶(在演习时也不允许)。

(3) 没开始撤离不许打开门窗。

(4) 切记:当人员移向艇的撤离侧时,干舷和稳性降低了。

五、操艇注意事项

(1) 应尽量避免救生艇在横浪中行驶，应使艇首与浪成 20°～30°的角度航行，防止艇身被风、流打横而发生倾覆危险。

(2) 救生艇不可以在纵浪中行驶。浪从艇尾来时，应注意操舵和适当控制艇速，防止大浪袭来使艇受风浪推移陷入横浪。浪从艇首来时，严防艇首陷入波谷还未上仰时，大浪又从艇首扑来，这样连续几次救生艇将发生危险。因此，救生艇在大风浪中航行时，不宜与大浪对抗，一般宜采取艇首侧迎浪或艇尾侧顺浪行驶。

(3) 救生艇靠离平台舷梯时，艇容易被压在舷梯下面，造成危险。因此要灵活机智地利用艇篙撑顶，同时相应地用舵使艇首稍向外。

(4) 大风浪中调转艇首要特别注意，要善于观察波浪的规律，总是几个大浪过后跟着几个小浪，小浪过后，第二个大浪来临之前，海面相对平静，要选择这个时机，用舵转向、进行掉头操纵。在开始转向时，要采用小舵角、慢速，逐步转向，避免大舵角、快速引起艇体大的横倾，造成不必要的危险。当艇体转至横浪后，应采用大舵角、快速操艇由顺浪转向顶浪。在大风浪中不宜采用倒车，以免损坏车叶。

(5) 在大风浪中操纵救生艇，应使其与涌浪方向成 20°～30°角，必须保持一定艇速，以增加舵效，控制艇首。若风浪太大无法行驶，应迅速抛出海锚，布镇浪油，借助海锚保持艇首方向使艇首顶风、顶浪。

(6) 如果救生艇航行前方有大船在航行，救生艇决不能横穿大船船头。应迅速离开大船一段距离以确保安全。

第三节　海锚及镇浪油的使用

一、海锚

救生艇在海上遇到恶劣天气无法安全操纵航行时，需要使用海锚。海锚的主要作用是使艇首顶风、顶浪，防止救生艇在大风浪中倾覆；同时海锚可减缓救生艇向下风方向的漂移速度，保持艇位等待救助。

(一) 构造

海锚(见图 3-3-5)的形状如漏斗，是用帆布制作的，长约 122 cm，直径 76 cm。海锚索的长度一般为艇长的 3～4 倍，收回索比海锚索约长 4 m。

图 3-3-5　海锚

(二) 使用

使用海锚时，首先用舵使救生艇艇首顶风、顶浪，然后将海锚抛入海水中至适当距离，将海锚索固定在艇首，收回索保持松弛状态。

回收海锚时，将海锚收回索拉回即可。

二、镇浪油

当救生艇在海上受到风浪袭击，产生剧烈摇摆，使艇有倾覆危险时，或者救生艇在回收和降落过程中风浪较大，使救生艇挂钩、脱钩有困难时，可使用镇浪油镇浪。

救生艇上配备有 4.5 L 鱼油、动物油或植物油，存放在镇浪油油箱内。使用时需将镇浪油倒入布油袋，并在布油袋四周刺上小孔，用绳系结在海锚上或海锚索上，投入海中，油便会布于救生艇周围。镇浪油应布在救生艇的上风侧。

第四章

全封闭式救生艇应急系统

第一节　全封闭式救生艇的应急供气系统

一、应急供气系统

封闭艇内的应急供气系统主要由供气系统、空气压力平衡系统、废气排出系统 3 个部分组成。

供气系统(见图 3-4-1)由压缩空气瓶、高压管线、减压装置、控制阀门等组成。

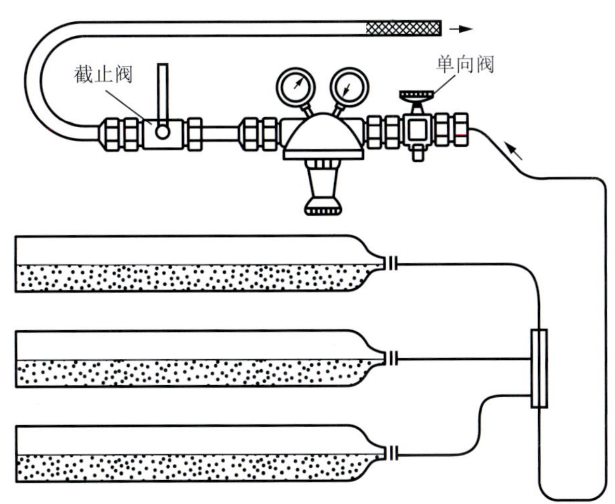

图 3-4-1　供气系统

整个应急供气系统由 3 个 45 L(200 bar)的空气瓶组成。高压空气从空气瓶到集气管再通过高压空气管到达驾驶台左边的气压调节控制器上,然后气压调节控制器把高压空气调节到合适的压力后供应给机舱。在火海和危险环境中,打开低压出气阀就可以打开应急供气系统,此时就可以供应低压空气。

为了确保艇内乘员和柴油机的用气安全,在封闭艇的舱门两侧各装有一个空气压力平衡阀,用来调节艇内空气压力。

当救生艇内的大气压超过救生艇外的大气压 20 mbar 以上时，空气压力平衡阀就会向艇外排气，故艇内空气压力不会过高。特别需注意的是不能让艇内气压比艇外气压低，以确保外部有毒气体不能进入艇内。

救生艇处在危险气体区域时，应立即打开应急供气系统，此系统可保证艇内安全气压至少维持 10 min。

二、应急供气系统操作

应急供气系统操作可参见图 3-4-2。

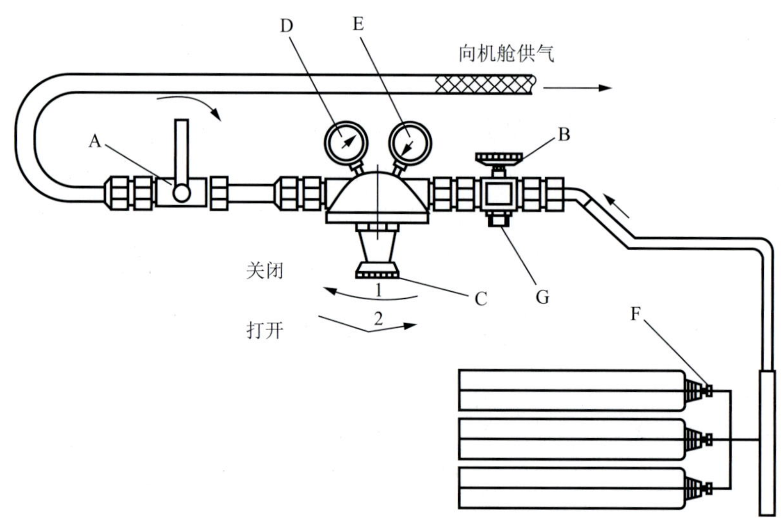

图 3-4-2 供气系统操作

(一) 空气释放步骤(见图 3-4-2)

(1) 确定阀门 A 和 B 已经关闭。

(2) 向箭头 1 方向(关闭状态)旋转阀门 C。

(3) 打开空气瓶上的阀门 F，并观察高压空气表 E 上显示的空气瓶压力。

(4) 慢慢顺箭头 2 方向旋转阀门 C，同时观察低压空气表的指针是否一直指向中间绿色的区域。

(5) 打开阀门 A 释放空气，如果低压空气表指针读数减小，重复步骤(4)。

注意：在紧急情况下，只需打开阀门 A 就可释放空气至机舱。

(二) 充气步骤(见图 3-4-2)

(1) 确定阀门 A 和 B 已经关闭，打开阀门 F。

(2) 向箭头 1 方向(关闭状态)旋转阀门 C，连接充气接头 G。

(3) 打开阀门 B，启动空气压缩机开始充气。

(4) 观察高压空气表 E，当指针到达 20 MPa 时，停止充气。

注意：充气时应考虑周围温度，因为空气会产生变化。

若供气系统失灵不供气，这时在毒气的威胁下，人员应沉着冷静，让熟悉该系统的人员检查，具体方法如下：

(1) 检查低压阀门是否打开。

(2) 高压气瓶阀门是否已旋开。

(3) 如果以上两者都无误，很可能是平衡阀(节流阀)被堵塞。

第二节 全封闭式救生艇的应急喷淋系统

一、应急喷淋系统

海水进口阀门位于主机舱前面的机舱底内，驾驶员可以使用喷水软轴打开它。喷水泵位于主机前面，并且由主机皮带带动转动。当救生艇在水面上时，喷水泵允许空转；当救生艇离开水面以后，喷水泵最多允许转动 10 min。喷水管由 4 部分组成，在救生艇两侧护舷下面的壳体和上层结构各有 1 根喷水管。一定数量的喷头安装在喷水管上，这些喷头是可以调节的。2 个冲洗水口在驾驶楼顶上的喷水管上。

应急喷淋系统(见图 3-4-3)主要由海水阀、海水泵、过滤器、管路、喷水管、喷嘴等部分组成。

封闭艇内应急喷淋系统是和应急供气系统联用的；在封闭艇通过火区航行时，能喷出足够的水使艇的水线以上外表面形成一层水膜，从而使艇内温度保持在乘员所能承受的范围内。

二、应急喷淋系统的使用操作

使用时海水泵通过皮带由柴油机驱动，从艇底部的海水阀吸入海水，并将水泵入喷水管从艇壳上部喷嘴喷出，在艇的外表面形成一层薄薄的水膜。

在主机全速运转时，可以拉动驾驶台上的喷水控制手柄打开喷水阀，此时喷水覆盖整个救生艇(见图 3-4-3)。喷水泵是与主机一起转动的，不能单独控制。加大油门让柴油机全速运转，则喷淋泵以最大流量将海水泵入喷淋系统。

图 3-4-3 应急喷淋系统

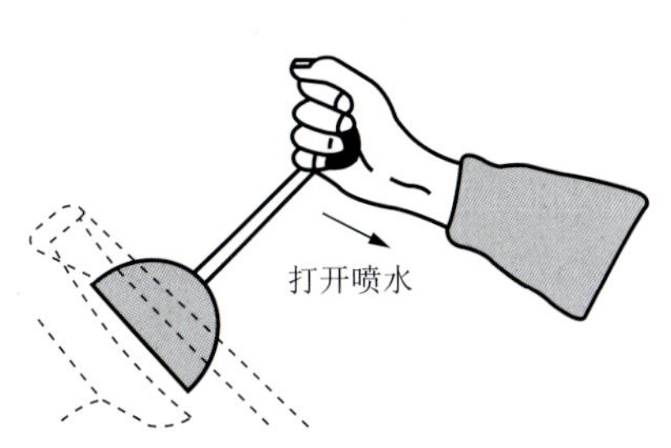

图 3-4-4 应急喷淋施放

当海上石油作业平台发生火灾、井喷等恶性事故平台无法抢救需要撤离平台时，平台工作人员应快速登上救生艇，当全封闭救生艇处于着火区域时，由于艇内装置有应急喷淋系统，故可保护处于海面火区中的救生艇及其乘员。该系统的运转，能确保救生艇在火区温度高达 1 000～1 200 ℃的情况下，安全地逃离，并且艇内温度上升不会超过 10 ℃，人在其中是能够耐受的。

三、应急喷淋系统的检查保养

（1）海水进水阀门：在不使用时，海水进水阀门应当处于关闭状态。应每周检查海水进水阀门，必要时在润滑油嘴处加水润滑油脂加以润滑。

（2）喷水泵：应当每月检查 1 次三角皮带，必要时更换。同时每周检查 1 次皮带的张紧度，必要时调节。

（3）喷头：应当检查每条救生艇的喷头，必要时调节以增加水膜覆盖效果。

（4）淡水冲洗：在每次检查完喷水系统后，4 条喷水管均应用淡水加以清洗：

① 在驾驶台顶部的冲洗口上连接（或安装）淡水管。

② 确保海水进水阀门已经关闭。

③ 用淡水冲洗大约 5 min。

④ 打开喷水泵上的阀门然后关闭。

⑤ 打开海水进水阀门大约 1 min 使喷水系统内的水排干，这在寒冷天气下非常重要。

救生筏

气胀式救生筏是供海上求生人员逃生及救生使用的一种专用工具，它能迅速释放并漂浮在水面之上供人员登乘等待救援。出现险情时，平台作业人员借助救生筏，可避免溺水、浸泡、干渴和冻死的威胁，从而延长生命达到获救的目的。救生筏不具有自航能力，必须依靠其他救生设备前来救援。

第一节　救生筏的种类及结构

一、救生筏的种类

救生筏的种类较多，结构各异，但功能相同。

救生筏按建造材料可分为刚性救生筏和充气（气胀式）救生筏 2 类；按操作特点可分为人力扶正救生筏、自行扶正救生筏等；按释放形式可分为抛投式、机械吊放式和自由漂浮式 3 种。

二、救生筏的基本结构

气胀式救生筏由橡胶尼龙布制成，平时折叠储于存放筒内，使用时由筏内气瓶储备的压缩二氧化碳气体充入筏体内，将存放筒胀开。其结构如图 3-5-1 所示，主要由主筏体、筏底气室、篷柱和篷帐几个部分组成。

（一）主筏体

主筏体也称主气室，包括上、下浮胎。下浮胎为一单独气室，而上浮胎则通过一个单向阀与篷柱相连通。各气室除由附属的二氧化碳气瓶自动充气膨胀外，还设有充气阀，以便用手动气泵（皮老虎）补充空气。

（二）筏底气室

由双层筏底组成一个单独气室，此气室一般不自动充气。设置筏底气室的目的主要

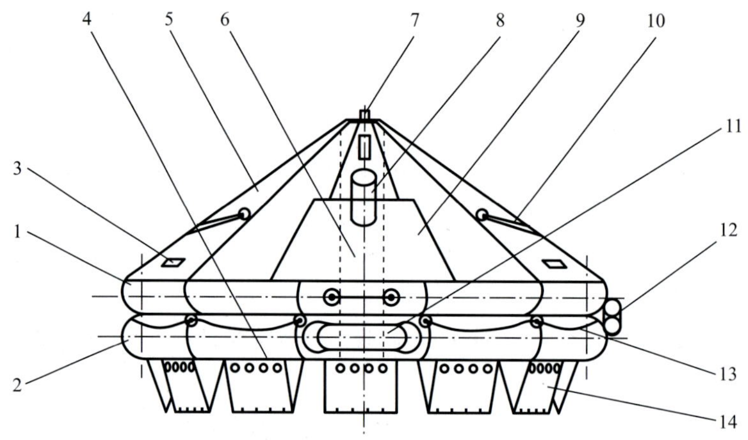

1—上浮胎；2—下浮胎；3—反光带；4—筏底；5—篷帐；6—篷柱；7—示位灯；8—瞭望窗；
9—出入口；10—积水沟；11—登筏平台；12—钢瓶；13—扶手绳；14—平衡水袋

图 3-5-1　救生筏结构示意图

是承载求生人员和隔寒。人员登筏后，如果感到寒冷，则用手动气泵给筏底充气，充进的空气则把筏底内层与低温海水隔开，使筏内保暖。

（三）海水平衡袋

在筏底外部四周设有海水平衡袋，用以增加筏的稳定性和增加阻力。

（四）篷柱和篷帐

篷柱用以支撑篷帐。篷帐的功能是保护乘员免受寒暑之害，风吹日晒之苦，并防止海浪和雨水打入筏内。在篷帐的两侧通常设有积水沟，用小管通入篷帐内，用于收集雨水。篷顶设示位灯，以便于被发现。篷柱为单独的气室，通过一单向阀与上浮胎相通。

（五）其他

救生筏的两端一般都设有一个进出口，在进出口设置尼龙软梯，伸入水中供求生人员登筏用。筏外四周上下浮胎之间，设有扶手索一条，也称救生索，供求生人员攀扶。

第二节　救生筏的配备及性能要求

一、救生筏的配备

平台所配备的气胀式救生筏应能容纳其总人数。平台群中的生活平台应配备能容纳其总人数的气胀式救生筏，平台群中的其他平台应按各自实际工作的最多人数和特点配备气胀式救生筏。

二、气胀式救生筏的基本要求

(1) 能在海上任何情况下暴露漂浮达 30 天以上。

(2) 上下两层浮胎中任何一层的浮力应能浮起筏内全部额定乘员和属具。

(3) 在常温下自动充气时间不超过 60 s。

(4) 应能在－30～66 ℃的环境中使用。

(5) 气胀式救生筏的额定乘员应不少于 6 人。

(6) 降落式气胀救生筏其吊架应有快速脱钩装置,以保证救生筏着水后能迅速安全脱钩。

(7) 气胀式救生筏应能从 18 m 高处投入水中,其筏体存放筒及属具均不得有损坏。

(8) 气胀式救生筏应存放在水密牢固的玻璃钢筒内。装有救生筏的玻璃钢筒在水中应能漂浮,在充气时应能自动张开。

(9) 救生筏的存放位置以便于人员登筏为宜。

(10) 在海上设施沉没时,气胀式救生筏应能自动浮起、充气,并能无阻碍地脱离。

(11) 在海上设施倾斜 15°的情况下,救生筏也能降落至水面。

(12) 气胀式救生筏的顶篷应为橙黄色。

(13) 在气胀式救生筏及其存放筒上,应以明显经久的字迹标明其乘员定额、制造日期、出厂编号、制造厂和检验日期。

(14) 救生筏每年应定期检验。平时应对存放筒、自动脱离装置、筏架等做外观检查与保养,以免发生损坏及无法投下之情况。

第三节 救生筏的属具

一般气胀式救生筏备有如下各项属具:

(1) 降落伞火箭信号 4 支,是发送至高空的求救信号。

(2) 手持红色火焰信号 6 支,供发出求救信号用。

(3) 海锚及索具 2 套,放在水中可降低筏的漂移速度。

(4) 首缆绳 1 根,筏与筏间的连接,或筏与艇、船拖带时使用,其长度大于 50 m。

(5) 补漏用具 1 套,内装橡胶补洞塞、补洞夹、胶水、橡胶尼龙布、砂纸、小滚筒等。

(6) 海绵 2 块,用于吸干救生筏内积水。

(7) 救生淡水每人 1.5 L,供饮用。

(8) 刻度饮水量杯 1 只,计划分量食用水。

(9) 救生饼干每人 0.5 kg,供食用。

(10) 药箱 1 个,存放医药用品及其使用说明书(包括有晕浪药片,每人 6 片以上)。

(11) 手动打气泵(皮老虎) 1 套,可向筏底充气和向各气室补气。

(12) 水瓢 1～2 只,供排除筏内积水用。

(13) 抗风火柴 2 盒,供生火用。

(14) 海水电池 2 只,作为筏内照明灯和筏外示位灯的电源,电珠 4 只。

(15) 钓鱼用具 1～2 套,每套包括尼龙线 30 m,3 只鱼钩及金属或塑料小鱼 1 条,供钓鱼、捕鸟用。

(16) 日光信号镜 1 套,可用日光发送信号。

(17) 信号哨笛 1 只,引起对方注意或发送摩氏信号。

(18) 防水电筒 1 只,发送摩氏信号或照明,另配置备用电池 1 副和电珠 2 只。

(19) 可浮桨 2 支,装于桨袋内,用于划动救生筏。

(20) 安全刀 1～2 把,能在水上漂浮和可防锈,割断绳索或生活用。

(21) 开罐头刀 3 把,打开罐头。

(22) 救助环与浮索 1 套,应为橙黄色,浮绳长度至少 30 m。将环抛向落水者,拉动浮索,将人拖至筏边后救入筏内。

(23) 集水袋 2 只,收集雨水供饮用。

(24) 海上救生信号图解说明表 1 份,供通信联络用。

(25) 气胀式救生筏须知 1 本。

(26) 救生筏使用说明书 1 本。

第六章 救助艇

第一节　救助艇的种类和性能要求

救助艇是为救助遇险人员和集结救生艇、救生筏而设计的艇。救助艇具有较好的机动性能和操纵性能，并且配备了相应的救助设备。若救生艇符合救助艇的要求，可将救生艇作为救助艇使用，平台上大部分救生艇可以用作救助艇。

一、救助艇的种类

目前在海船上配备使用的救助艇，根据制造材料，大致可分为以下3类：刚性救助艇、充气式救助艇和混合式救助艇。

（一）刚性救助艇

刚性救助艇是由刚性材料（如玻璃钢）制成的救助艇，是目前使用比较普遍的一种救助艇，如图3-6-1所示。它由阻燃玻璃钢制成，在内壳与外壳间充满了聚氨酯泡沫，提供给救助艇足够的浮力。即使水线以下的艇体有损坏，艇体仍可提供足够的浮力使艇安全漂浮于水面上。救助艇两侧设有耐油泡沫护舷，外有两层紧固橡胶以便更换。救助艇两侧设有钢制扶手以便乘员上下艇。

（二）充气式救助艇

充气式救助艇是由橡胶材料和内充空气的浮力胎构成的，并且配备舷外发动机，俗称橡皮艇，如图3-6-2所示。

图3-6-1　玻璃钢救助艇

图3-6-2　充气式救助艇

（三）混合式救助艇

混合式救助艇是指艇体材料中既有刚性材料又有橡胶材料的救助艇，如图 3-6-3 所示。

图 3-6-3　刚性与充气混合式救助艇

二、救助艇的性能要求

（1）可以是刚性的或充气的，也可以是两者混合结构的。

（2）除至少能容纳 5 名坐姿乘员外，同时还应能容纳 1 名躺卧乘员。

（3）航速应不小于 6 节，并在此航速下连续航行 4 h。

（4）在波浪中应具有足够的机动性和操纵性，能从水中营救人员和集结救生筏。

（5）应设有足够强度的拖带设施和足够强度与长度的拖带浮索。

（6）配备足够的救助艇属具。

（7）救助艇的存放和降落装置应布置在安全区内，并能保证在应急情况时，将其迅速地降落到水面上。

三、救助艇的存放

救助艇的存放位置和救生艇相同，也位于沿平台两舷侧，并尽可能靠近起居处所、服务处所，附近有较宽敞的集合场地，便于平台人员登乘。

救助艇的施放也与救生艇一样，一般由平台的指定人员操作。

第二节　救助艇的操纵

一、救助艇的释放

救助艇的释放与救生艇一样，一般由指定人员操作。救助艇的释放装置有重力式吊艇架，也有单臂悬吊式吊艇架，这里仅简单介绍救助艇单臂悬吊式释放装置的操作。

（1）打开电源开关，启动液压泵按钮。

（2）解脱固定救助艇的全部索具。

(3) 启动起升机构的控制开关,绞起吊艇索,将救助艇吊离甲板。

(4) 打开舷侧栏杆,确认起重臂向舷外转出的范围内无障碍,停止绞升吊艇索,按动起重臂转动开关,使艇由左(或右)向舷外转出。

(5) 系上艇首缆,临时稳定救助艇紧贴舷侧,救助艇乘员按照顺序进入事先指定的座位坐好,通常是先艇尾,后艇首。

(6) 额定乘员全部登入艇内安静坐好,不要随便走动,松解临时索具,操作人员松放吊艇索,或者由艇内人员拉动遥控降放手柄,使救助艇降放入水。

(7) 艇入水后,艇内人员拉动吊艇钩的解脱拉绳,解脱吊艇钩。

(8) 解脱艇首绳缆,操艇离开平台。

二、救助艇的航行操纵与拖带作业

救助艇在进行航行操纵时,与救生艇的操纵要点大致相同,但是由于救助艇的尺寸和质量比救生艇的小,且属于高速设备,艇的旋转半径和停车冲程也小于救生艇,所以其灵活性和可控性优于救生艇。

救助艇拖带作业通常发生在海难后,在救助艇上配有一根长 50 m 的可浮拖带索,用以在拖带作业时引领拖带。

救助艇可以用于营救落水人员,方法与救生艇相同。

第四部分

海上急救

海上急救概述

在海上设施上工作，常有人员突然遭受某些意外伤害或突然罹患某些常见急症，由于海上设施都远离陆地，难以得到及时救助，致使病情恶化，甚至危及生命。为此，海上作业人员掌握一些常用的急救技术，采取正确的自救互救措施，从而保证海洋石油作业人员生命安全，具有重要意义。

第一节　海上急救基本知识

一、海上急救的基本概念

在海上发生灾难事故、意外伤害、急危重病等紧急情况时，都应给予现场急救，急救方法包括心肺复苏术、体外除颤术、止血、包扎、固定、搬运等常用救护技术。通过紧急处置，防止病人死亡或进一步的损伤，防止休克以及减少痛苦。

海上急救，首先要观察评估现场，确定事发现场及周围环境是否安全，是否会对施救者和伤病员构成威胁，确保自己和伤病者的安全后，方可展开施救。

其次，对受伤原因、性质和范围作出迅速、合理的判断。通过判断意识，检查生命体征等判断病情轻重。重点检查有无威胁生命的伤势或病情，如测试病人的脉搏，若无脉搏，应立即开始胸外心脏按压和人工呼吸。若生理体征异常，包括脉搏小于 60 次/min 或大于 100 次/min，呼吸小于 10 次/min 或大于 29 次/min，收缩压小于 90 mmHg，需要迅速展开施救。

因此，每个出海人员必须掌握基本急救知识和技能，才能在紧急情况下临危不乱，正确施救，使伤病员化险为夷，甚至起死回生。

二、海上急救的目的

（1）维持、抢救伤病员的生命。

（2）改善病情，减轻病员痛苦。

（3）防止病情恶化，预防并发症和后遗症。

三、病情的判定

在伤病员较多的情况下，判断病情轻重是十分重要的。如果不分病情轻重而盲目处理，有可能会出现危重病人因抢救不及时而导致病情恶化，甚至死亡。在一般现场急救中，应首先抢救危重病人，然后再处理较轻病人。为此必须迅速对病情作出判断。

有以下情况者属于危重病人：

(1) 神志：昏迷、精神萎靡。

(2) 呼吸：浅快、极度缓慢、不规则或停止。

(3) 心率或心律：显著过速、过缓，心律不规则或心跳停止。

(4) 血压：显著升高，严重降低或测不出。

(5) 瞳孔：散大或缩小，两侧不等大，对光反射迟钝或消失。

对上述情况的病人，必须迅速抢救，并密切观察呼吸、心跳和血压等生命体征的变化。

四、海上急救的原则

(1) 先确定伤病员有否进一步的危险。

(2) 沉着、冷静、迅速地给予危重病人优先紧急处理。

(3) 对呼吸、心力衰竭或停止的病人，应清理呼吸道，立即给予人工呼吸或胸外心脏按压。

(4) 控制出血。

(5) 考虑中毒的可能性。

(6) 在海上遇险的或者急症患者，因海上特殊环境的影响，易出现激动、痛苦和惊恐的现象，要安慰伤病员，减轻伤病员的焦虑。

(7) 预防及抗休克处理。

(8) 搬运伤病员之前应对骨折及创伤部位予以相应处理。

(9) 对神志不清的、疑有内伤或可能接受麻醉手术者，均不给予饮食。

(10) 必要时，尽快寻求援助或送往医疗部门。

第二节　人体结构与基本生命体征

一、人体结构

人体由头、颈、躯干和四肢 4 个部分组成。

人体的基本单位是细胞，许多形状相似功能相同的细胞聚在一起，成为组织。几种不同组织结合起来，执行一定的功能，叫做器官。几种器官联合起来，担负身体里某一方面的任务叫做系统，人体由消化系统、呼吸系统、循环系统、神经系统、内分泌系统、泌尿系统、生殖系统和运动系统组成。

二、基本生命体征

基本生命体征指人体的体温、脉搏、呼吸和血压。正常成人的生理指标都有一定范围,患病后则会发生变化。因此对它们的测量将有助于对疾病轻重的判断。

(1) 体温:人体有 3 个部位可测量体温,即口腔、腋下、肛门。体温表分口表和肛表两种,前者头细,后者头粗,它们均可用于腋下测量。详见表 4-1-1。

表 4-1-1 人体体温测量要求

测量部位	正常温度/℃	安放部位	测量时间/min
口　腔	36.3～37.2	舌下,闭口	3
腋　下	36～37	腋下深处	5～10
肛　门	36.6～37.8	1/2 插入肛门内	3

(2) 脉搏:动脉血管的搏动称为脉搏,它与心跳是一致的。正常成人的脉搏一般为 60～100 次/min,大部分在 70～80 次/min 之间,大于 100 次/min 为心率过速,小于 60 次/min 为心率过缓。

(3) 呼吸:正常成人呼吸频次为 16～18 次/min。检查时让患者静卧,观看其胸部或腹部的起伏,一起一伏为呼吸一次。也可用听诊器或直接贴在患者胸部听呼吸音。较简易的方法是用手感觉患者口、鼻前方气体的出入。

(4) 血压:血管内流动的血液对管壁所产生的压力称为血压。常测量肱动脉血压。正常成人血压,收缩压为 90～140 mmHg,舒张压为 60～90 mmHg。成人血压大于 140/90 mmHg 称为高血压,低于 90/60 mmHg 称为低血压。

海上常用急救技术

第一节 心肺复苏术

一、心肺复苏的意义

人每时每刻都需要氧气，几分钟不呼吸，生命就会岌岌可危。身体所需要的氧气由呼吸得到。吸入的氧气到达肺，在肺中进行气体交换。氧气在肺中进入血液后，通过血液循环，由红细胞运送到全身各组织细胞利用；而在新陈代谢过程中，所产生的二氧化碳，也通过血液循环到达肺，经呼气排出体外。

呼吸及心跳是人生命存在的征象，如果呼吸及心跳停止，被称为临床死亡。

呼吸及心跳停止后，氧气则不能被运送到全身组织细胞利用。人体的脑细胞对氧气的供给情况十分敏感，如果常温下呼吸及心跳停止 4～6 min 以上，则可造成脑细胞不同程度的损害甚至死亡，脑细胞死亡则意味着死亡已是不可逆的了，被称为生物死亡。

为了抢救病员生命，可采用人工呼吸抢救呼吸骤停；采用人工循环抢救心脏骤停，以最大限度缩短脑缺氧的时间。心肺复苏（英文缩写 CPR）是指对呼吸、心脏骤停的患者采取紧急抢救措施（胸外心脏按压、开放气道、人工呼吸等）使其循环、呼吸系统和大脑功能得以控制或部分恢复的急救技术，适用于几乎所有原因造成的呼吸、心脏骤停。

二、引起呼吸、心脏骤停的原因

（1）意外事故，如触电、溺水、窒息、严重创伤等。

（2）器质性心脏病，如冠心病、心肌炎、风湿性心脏病等。

（3）药物中毒及过敏反应，如洋地黄、奎尼丁及安眠药物中毒，青霉素和链霉素过敏等。

（4）电解质和酸碱平衡紊乱，如高、低钾血症，严重酸中毒。

三、心肺复苏救护步骤

（1）评估现场，准备抢救。

确保现场环境安全，抢救者平伸两臂，双目上下左右环视评估现场是否安全以及是否适合抢救。若无异常则报告："现场环境安全，做好个人防护！"

(2) 判断意识。

轻拍患者的双肩后靠近患者双耳旁呼叫："喂，你怎么了！"如果患者没反应就要准备急救。

(3) 现场求救。

① 指定专人拨打 120 急救电话并要求回复。

② 指定专人就近找除颤仪并要求回复。

③ 询问周边人群是否可以帮忙急救。

(4) 摆体位。

摆放为仰卧位，放在地面或质地较硬的平面上。千万不可以放在沙发、草坪及软质的东西上，将病员双手上举，一腿屈膝，一手托其后颈部，另一手托其腋下，使之头、颈、躯干整体翻成仰卧位。

(5) 检查呼吸、脉搏。

判断有无呼吸，可根据视、听、觉来判断，需要 5～10 s 的时间。

① 视(看)：用眼观察患者的胸部、腹部是否有起伏。

② 听：用耳朵听患者的口鼻处是否有呼吸的声音。

③ 觉(感觉)：用脸去感觉患者口、鼻是否有气体呼出。

(6) 胸外心脏按压。

胸外心脏按压是建立人工循环的关键性措施。人体心脏位于胸骨与胸椎之间，当向下按压胸骨时，胸腔内压力增大，促使血液流动，同时挤压心脏，向外泵血；在放松压力后，静脉血回流心脏，使心脏充盈血液。如此反复进行，使心脏有节奏被动地收缩和舒张，维持血液循环。

有效的胸外心脏按压可使心脏排血量达到正常时的 25%～30%，脑部血流量可达正常时的 30%，保持人体基本血液循环的需要。

① 按压位置：两乳头连线与胸骨交界处(见图 4-2-1)。

② 按压深度：成年人胸骨下陷 5～6 cm，用力均匀，不可过猛。按压后要放松，按压与放松时间相等。放松时，手掌不要离开胸壁。

按压主要是通过增加胸廓内压力以及直接压迫心脏产生血流。通过按压，可以为心脏和大脑提供重要血流以及氧气和能量。现有研究表明，按压至少 5 cm 比按压 4 cm 更有效。

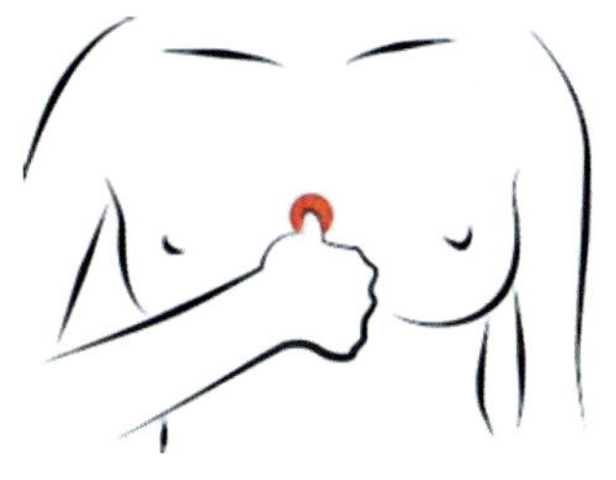

图 4-2-1 按压位置

③ 按压频率：100～120 次/min。

心肺复苏过程中的胸外按压次数对于能否恢复自主循环以及存活后是否具有良好神经系统功能非常重要。每分钟的实际胸外按压次数由胸外按压速率以及按压中断(例如，开放气道，进行人工呼吸或自动体外除颤器分析)的次数和持续时间决定。大多数研究表明，在复苏过程中给予更多按压可提高存活率，而减少按压则会降低存活率。进行足够胸外按压不仅强调足够的按压速率，还强调尽可能减少这一关键心肺复苏步骤的中断。如果按压速率不足或频繁中断（或者同时存在这 2 种情况），会减少每分钟给予的总按压次数。

④ 按压姿势(见图 4-2-1)：救护者身体前倾，双手臂伸直，双手掌根重叠，十指相扣，下面手的手指翘起，用手掌根部按压病人胸骨。按压时以髋关节为支点，利用上身的力量垂直向下按压，连续按压 30 次为一个循环，按压和放松时肘关节不可弯曲。

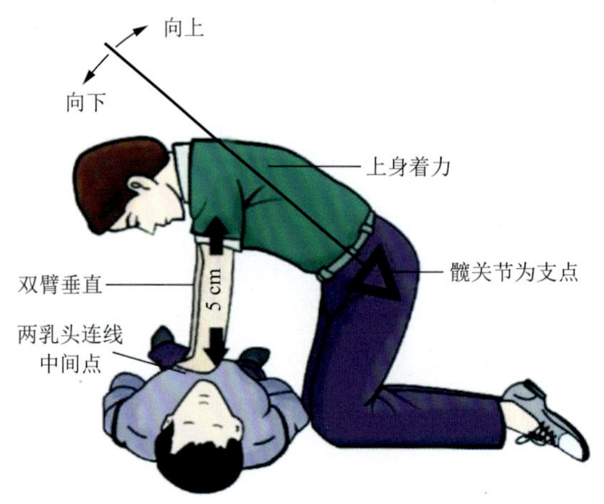

图 4-2-2　按压姿势

(7) 清除病者口腔内的分泌物、痰、呕吐物、活动的假牙等异物(切记如果病人口腔内有异物，一定要先清理干净，再打开气道)。

(8) 打开气道：使用压额提颏法打开气道，使伤病员下颏经耳垂连线与地面垂直(见图 4-2-3)。

(9) 人工呼吸：口对口人工呼吸仍然是最有效的现场人工呼吸法。方法有口对口(见图 4-2-4)、口对鼻。

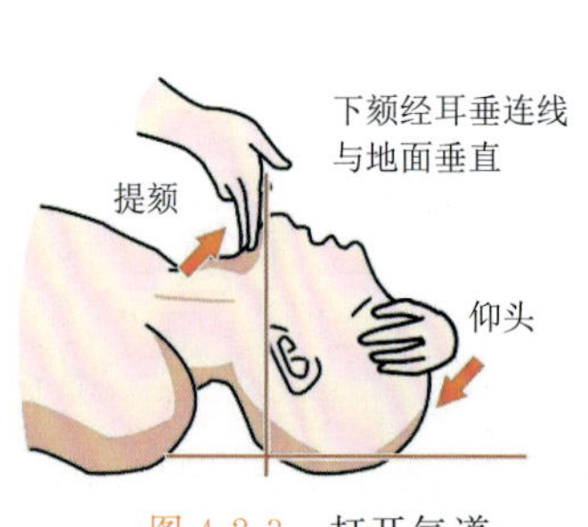

图 4-2-3　打开气道

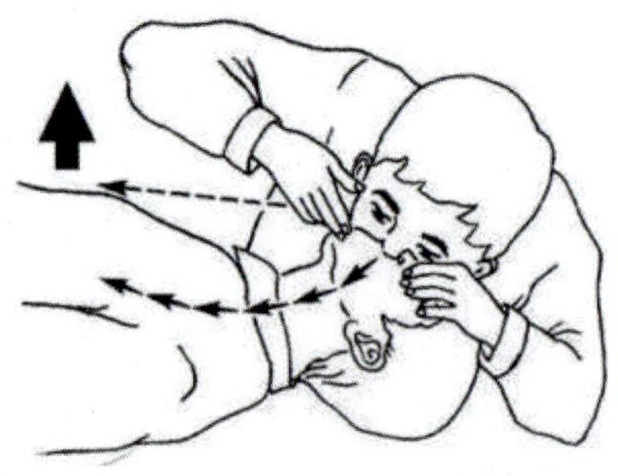

图 4-2-4　口对口人工呼吸

注意事项：

① 气道畅通。

② 捏闭鼻翼。

③ 正常吸气后，包严口，吹气。

④ 吹气量(成人)：500～600 mL，看到胸廓起伏。

⑤ 时间：吹气时间大于 1 s，换气 3～4 s，再次吹气。

⑥ 吹气完毕，松开鼻翼，侧头呼吸，并观察病人呼吸情况。

(10) 胸外心脏按压与人工呼吸的比例：30∶2（先按压，以突出强调胸外心脏按压的重要性，每多向下按压一次胸骨，可以提高25%的冠状动脉供血）。

(11) 人工心肺复苏有效、终止的指标。

① CPR有效指标。

a. 面色、口唇由苍白、发绀变红润。

b. 恢复脉搏搏动、自主呼吸。

c. 瞳孔由大变小，对光反射恢复。

d. 病人眼球能活动，手脚抽动，呻吟。

② 终止CPR指标。

a. 病人自主呼吸与脉搏恢复。

b. 有人或专业急救人员接替。

c. 医生已确认病人死亡。

d. 救护人员精疲力竭，无法继续进行心肺复苏。

四、心肺复苏的注意事项

(1) 病员背部必须平放在坚固且平整的表面上。

(2) 若按压部位不当，易致危险。如部位过低，易致腹部脏器损伤或引起胃内物质反流，过高可伤及大血管；按压部位不在中线，有可能引起肋骨骨折。

(3) 按压时用力适当。用力过猛，则易引起肋骨骨折、心包积血或肝破裂；用力太小，则无效。

(4) 抢救已着手进行，心跳恢复前，中间暂停不宜超过10 s。

五、自动体外除颤器

自动体外除颤器(AED)（见图4-2-5）是一种便携式、易于操作、稍加培训即能熟练使用、专为现场急救设计的急救设备，从某种意义上讲，AED不仅是一种急救设备，更是一种急救新观念，一种由现场目击者最早进行有效急救的观念。AED有别于传统除颤器，可以经内置电脑分析和确定发病者是否需要予以电除颤。除颤过程中，AED的语音提示和屏幕显示使操作更为简便易行。AED非常直观，对多数人来说，只需几小时的培训便能操作。

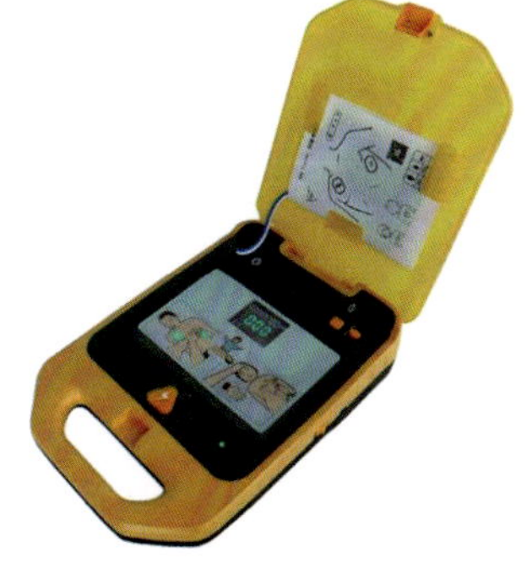

图4-2-5 自动体外除颤器

具体操作步骤：

(1) 打开电源开关。

(2) 将2个电极固定在病人胸前，机器自动采集和分析心律失常。

(3) 操作者可获得机器提供的语音或屏幕信息。

一经明确为致命心律失常（室性心动过速、心室颤动），语音即提示急救人员按动除颤键钮，如不经人判断即按除颤键钮，机器不会自行除颤，以免误电击。

第二节　止　血

血液是维持生命的重要物质，成年人血容量一般占体重的7%～8%，即4 000～5 000 mL。止血是防止休克，挽救病人生命的重要措施。有效的止血能赢得将伤病员转送到医院进行抢救的宝贵时间。

一、出血的种类

外伤出血分为外出血和内出血2种。

外出血：血液向体外流，眼睛可直接看到。内出血：皮肤外观完整，深部组织和内脏破裂后，血液流入组织间隙及皮下，多见于胸部、腹部及大腿。

内出血主要是到医院救治，外出血主要是在现场救治，外出血是现场急救的重点。

二、出血量的判断

在外伤失血后，全身在神经系统的调节下进行总动员，如加速造血、关闭一些血管及使一些体液进入血管内参加血液循环，这样能有效恢复循环血量，不产生失血的症状。但出血量如果超过10%，这些调节功能就于事无补了；超过20%，伤员会出现面色苍白、口渴、四肢冰凉、出冷汗、脉搏微弱、心跳加快、血压下降；超过40%就会出现呼吸急促、烦躁不安、反应迟钝、脉搏摸不到、血压测不出，甚至意识丧失，患者已处于死亡的边缘。

三、出血性质的判断

外伤出血由于不同的血管破裂，出血性质也不同，理论上将出血分为动脉出血、静脉出血、毛细血管出血3种。

(1) 动脉出血：呈喷射状，出血速度快，危险性大。出血的颜色为鲜红色。

(2) 静脉出血：呈流出状，危险性相对较小。出血的颜色为暗红色。

(3) 毛细血管出血：从创面渗出，危险性最小。出血的颜色为鲜红色。

四、止血方法

现场常用的止血方法有5种，要根据具体情况选用，可选用一种，也可把几种止血法结合起来应用，以达到最快、最有效、最安全止血的目的。

(一) 指压止血法(暂时性)

用拇指压迫出血点近心端的动脉，适用于头部和四肢。这是最直观、最快捷、最简单有效的止血方法。更科学的指压止血法是直接压迫供应出血部位的表动脉血管，首先找到相应部位搏动的体表动脉，然后将其压在动脉下面的骨头上。

常见的有颞动脉压迫法(见图 4-2-6)、尺桡动脉压迫法(见图 4-2-7)、指动脉压迫法(见图 4-2-8)、肱动脉压迫止血法(见图 4-2-9)等。

图 4-2-6 颞动脉压迫法

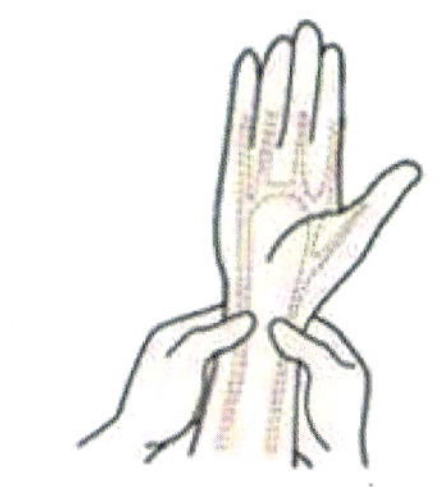
图 4-2-7 尺桡动脉压迫法

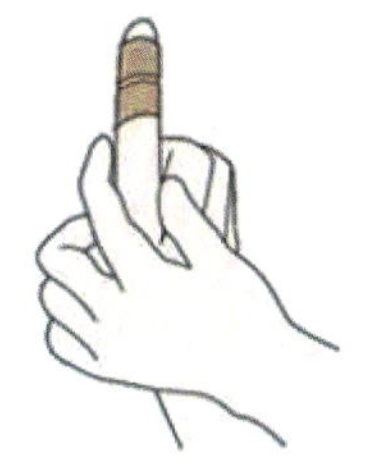
图 4-2-8 指动脉压迫法

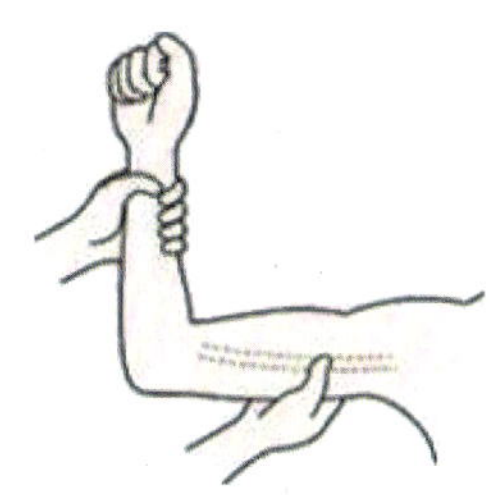
图 4-2-9 肱动脉压迫法

(二) 加压包扎止血法

该方法(见图 4-2-10)适用于各种伤口,是一种可靠的非手术止血方法。方法是先用无菌纱布覆盖压迫伤口,再用三角巾或绷带用力包扎,包扎范围要比伤口稍大。

(三) 直接压迫止血法

该方法(见图 4-2-11)适用于较小伤口的出血。方法是用无菌纱布直接压迫伤口处。

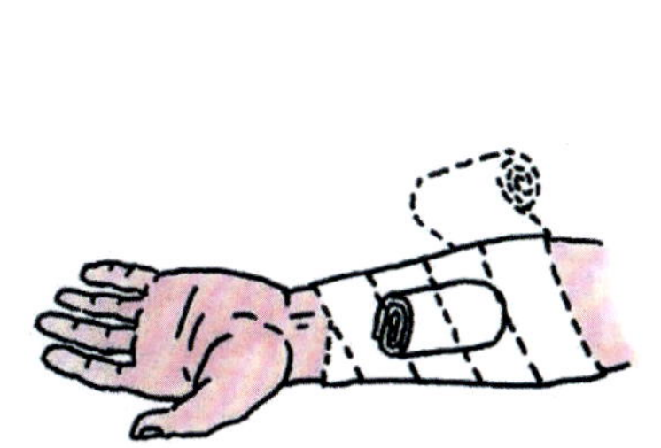
图 4-2-10 加压包扎止血法

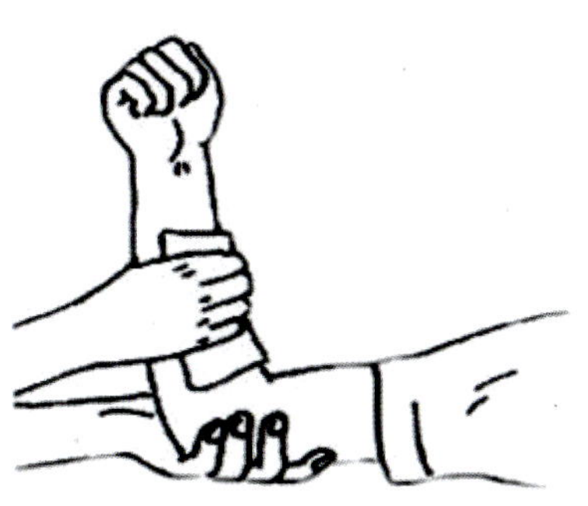
图 4-2-11 直接压迫止血法

(四) 止血带止血法

该方法(见图 4-2-12)是利用有弹性的胶皮管、较软的布带或者三角巾折成的布带等在出血部位的近心端对肢体进行结扎,以阻断通向肢体的动脉血流,从而达到止血的目的。

一旦受到开放性损伤并有大出血时,为尽快减少出血,保护生命,可在现场寻找一些适合的用品进行止血。止血带还可采用医用橡皮止血带、布条、领带等。不能用电线、尼

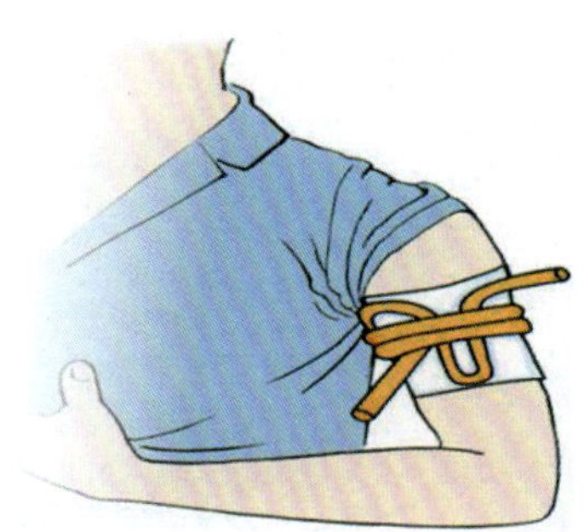

图 4-2-12　止血带止血法

龙绳、铁丝、电线等代替止血带。绳索无弹性，会造成结扎部位皮肤、肌肉、神经和血管损伤，并导致肢体缺血、坏死。在扎止血带的过程中需要注意以下几点：

（1）垫衬垫：使用止血带的部位要有衬垫，否则会损伤皮肤。

（2）扎止血带的部位：上臂中 1/3 严禁扎止血带，以免损伤桡神经，应扎在上臂上 1/3 处；下肢扎在大腿的上 1/3 处。

（3）记录扎止血带的时间：使用止血带应有明显标记，写明时间。每次扎止血带的时间不能超过 1 h，用止血带后，远端肢体如发青紫、苍白或继续出血，应立即压迫伤口，松开止血带，经过 3～5 min 后重新将止血带扎好。每小时放松一次。如果出血停止，就不必再扎，如仍然出血再把止血带扎好。

（4）扎止血带的松紧要适中：松紧度以出血停止，远端摸不到脉搏为合适，过松达不到目的，过紧会损伤组织。

第三节　包　扎

伤口包扎在急救中应用范围较广，可起到保护创面、固定敷料、防止污染及止血和止痛作用，有利于伤口尽早愈合。包扎应做到动作轻巧，不碰撞伤口，以免增加出血和疼痛。包扎要快且牢靠，松紧度要适合。常用包扎材料有：绷带、三角巾。

一、绷带包扎法

（1）环形包扎法（见图 4-2-13）：伤口用无菌敷料覆盖，绷带压绕肢体环行缠绕。

（2）螺旋包扎法（见图 4-2-14）：先在伤口敷料上用绷带绕 2 圈，然后从肢体远端绕向近端，每绕一圈盖住前一圈的 1/3～1/2，成螺旋状。

（3）“8”字形法（见图 4-2-15）：手和关节处伤口用“8”字绷带包扎。包扎时先从非关节处缠绕 2 圈，然后经关节“8”字形缠绕。

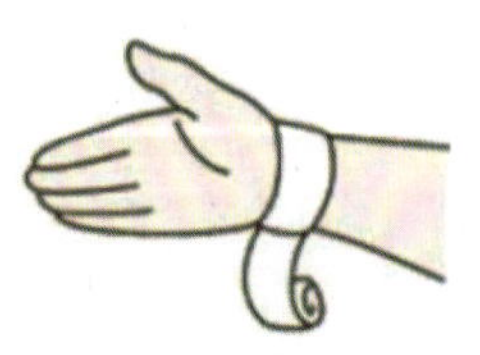

图 4-2-13　环形包扎法

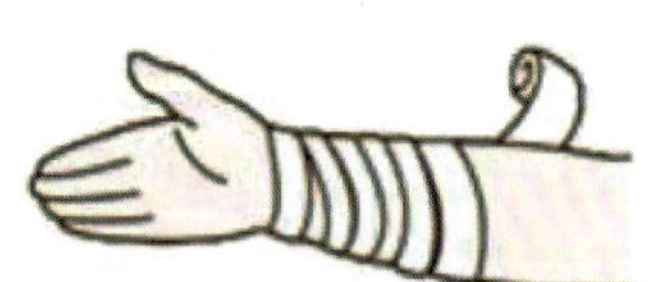

图 4-2-14　螺旋包扎法

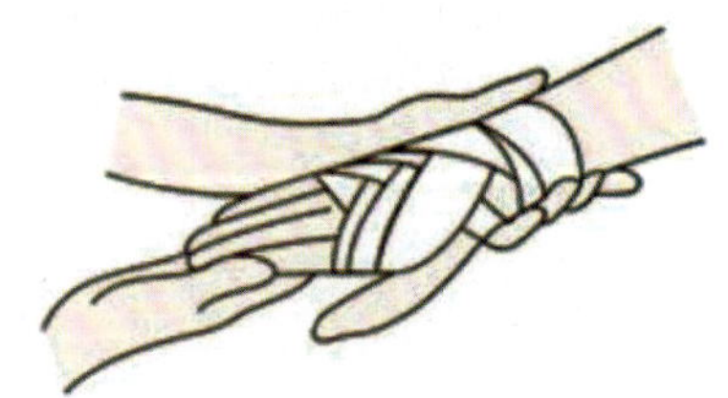

图 4-2-15　“8”字形法

二、三角巾包扎法

(一) 头部包扎法(见图 4-2-16)

(1) 将三角巾的底边叠成约两指宽,边缘置于伤病者前额齐眉处,顶角放在脑后。

(2) 将三角巾的两底角经两耳上方拉向头后部交叉并压住顶角。

(3) 再绕回前额打结。

(4) 将顶角拉紧,掖入头后部的交叉处内。

(二) 面具式包扎法(见图 4-2-17)

(1) 先在三角巾顶角打结,结头下垂,提起左右两角,形成面具样。

(2) 将三角巾顶角结兜起下颌,罩于头面,底边拉向脑后,左右底角提起并拉紧交叉压住底边,再绕至前额打结。

(3) 包好后,根据情况可在眼及口鼻处剪小洞。

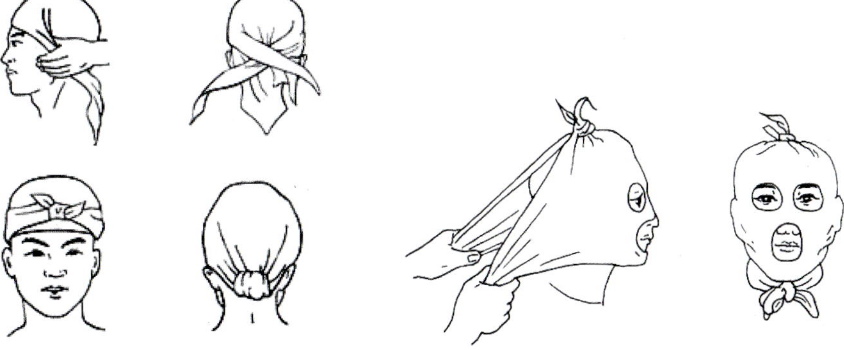

图 4-2-16 头部包扎法　　图 4-2-17 面具式包扎法

(三) 单肩包扎法(见图 4-2-18)

(1) 将三角巾折叠成燕尾式,燕尾夹角约为 90°,大片在后压小片,放在肩上。

(2) 将燕尾夹角对准颈侧部。

(3) 将燕尾底边两角包绕上臂上部并打结。

(4) 拉紧两燕尾角,分别经胸、背部至对侧腋下打结。

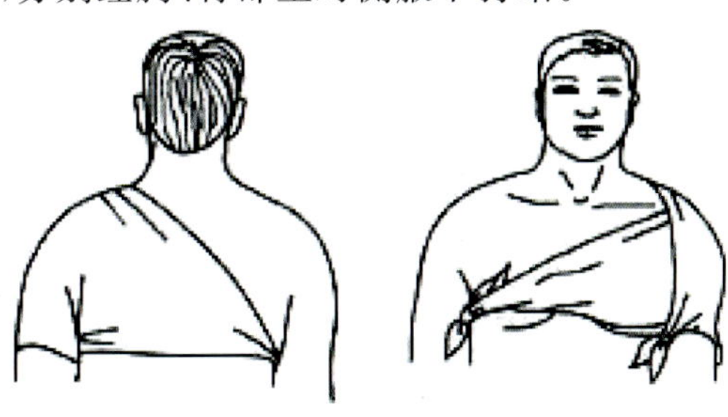

图 4-2-18 单肩包扎法

(四) 双肩包扎法(见图 4-2-19)

(1) 将三角巾折叠成燕尾式,燕尾夹角约为 120°。
(2) 将燕尾披在双肩上,燕尾夹角对准颈后正中央。
(3) 将燕尾角过肩,由前往后包肩于腋下,与燕尾底边打结。

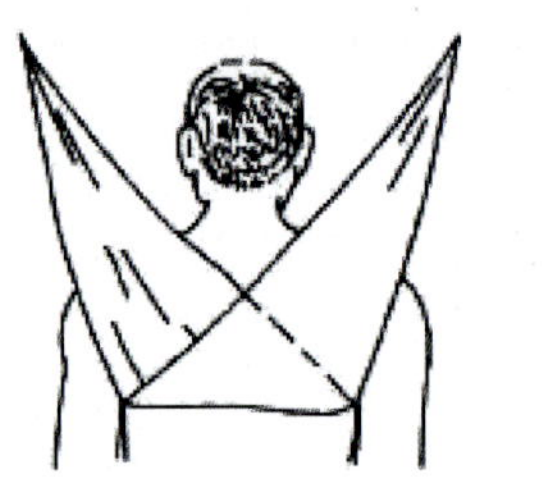
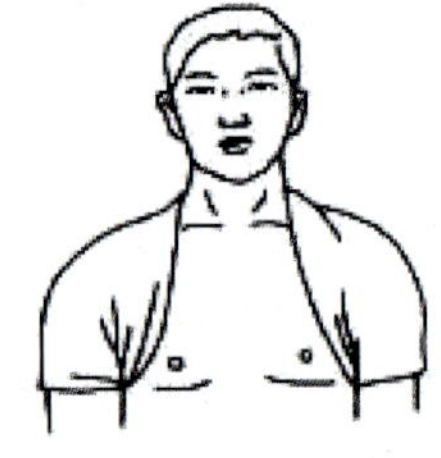

图 4-2-19　双肩包扎法

(五) 胸部包扎法(见图 4-2-20)

(1) 将三角巾折叠成燕尾式,燕尾夹角约为 100°。
(2) 置于胸前,夹角对准胸骨上凹。
(3) 两燕尾角过肩与背后。
(4) 将燕尾顶角系带,围胸在背后打结。
(5) 将一燕尾角系带拉紧绕横带后上提,再与另一燕尾角打结。

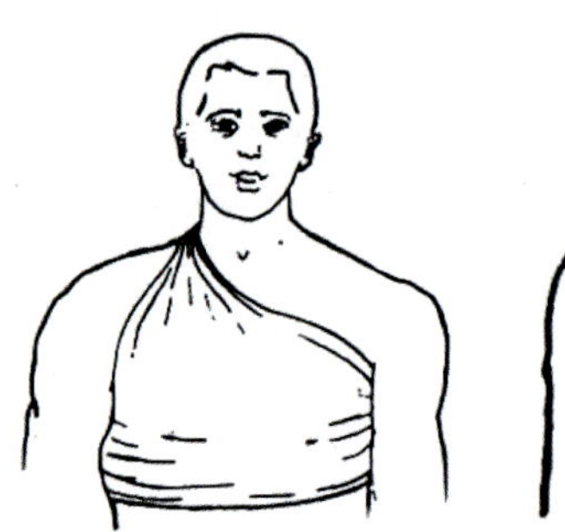

图 4-2-20　胸部包扎法

第四节　骨折处理

骨折固定是针对骨折的急救措施,可以防止骨折部位移动;同时能有效地防止因骨折断端的移动而损伤周围血管、神经等组织造成的严重并发症,以减轻伤员的痛苦。

一、骨折的分类

骨折是指骨或骨小梁的连续性发生断裂,是一种较严重的运动损伤,发病率约占运动损伤的1.5%。

（一）依据骨折是否和外界相通分类

（1）开放性骨折：骨折附近的皮肤和黏膜破裂，骨折处与外界相通。因与外界相通，此类骨折处受到污染。

（2）闭合性骨折：骨折处皮肤或黏膜完整，不与外界相通。此类骨折没有污染。

（二）依据骨折的程度分类

（1）完全性骨折：骨的完整性或连续性全部中断，管状骨骨折后形成远、近2个或2个以上的骨折段。横形、斜形、螺旋形及粉碎性骨折均属于完全性骨折。

（2）不完全性骨折：骨的完整性或连续性仅有部分中断，如颅骨、肩胛骨及长骨的裂缝骨折等均属于不完全性骨折。

二、骨折的原因

（1）直接暴力。

（2）间接暴力。

（3）肌肉牵拉力。

（4）积累性劳损。

（5）病理性骨折。

三、骨折的症状

局部症状：疼痛、肿胀、畸形、功能消失、摩擦音。

全身症状：休克、体温升高、肢体瘫痪。

四、骨折急救的原则

（1）救命在先，实施骨折固定要注意伤员的全身情况，如心脏停搏要先复苏。密切观察伤员情况，发现休克及时处理。

（2）早期就地骨折固定可避免骨折断端更多地损伤其周围的软组织、血管、神经或内脏等，减轻伤员的疼痛，便于伤员的转运。

（3）固定器材以夹板最好，也可以就地取材，如较硬的树枝、木棍、窄木等，若都不具备，可将受伤的上肢绑在胸部、下肢绑在健侧下肢上。对没有固定的伤员不可任意移动，在没有把握或条件不充分时，禁止做任何试图复位的动作，以免加重损伤或增加伤员的痛苦。

（4）先止血再包扎固定。对有伤口或开放性骨折造成的出血应根据具体情况采用适当的方法止血，然后再清理创口，预防感染。对暴露在伤口外的骨折端，未经处理不可复回伤口内，以免将污物带入创口深处，应盖上无菌敷料并包扎固定后立即转送医院处理。

（5）急救固定的目的不是让骨折复位，而是防止骨折断端移位。固定时动作要轻巧，固定要牢靠，松紧要适度，皮肤与夹板间要垫适量的软物，以防局部受压引起缺血坏死。

五、固定材料

固定材料以特制夹板最好，也可以用木板、硬纸板、竹棒、木棍等代替。

六、固定方法

（1）锁骨骨折：用 3 条三角巾分别折成宽带，2 条做成环套于双肩，另一条在背部将两环拉紧打结，腋下放置棉垫等松软物以防腋下组织受压，最后以小悬臂带将患肢挂起。

（2）肱骨骨折：取 2 块合适夹板，分别置于伤肢外侧和内侧，用叠成带状的三角巾在骨折的上下两端将夹板固定，再用小悬臂带将前臂挂起，最后用三角巾把伤肢绑在躯干上加以固定。

（3）前臂骨折：前臂处于中立位，拇指朝上，肘关节屈曲 90°，在前臂的掌侧和背侧分别用 2 块有垫夹板固定（夹板的长度应超过肘和手腕），用 3～4 条宽带缚夹板，最后用大悬臂带将前臂挂于胸前。

（4）手腕部骨折：患手握棉花团或绷带卷，将垫夹板置于前臂和手的掌侧，用绷带缠绕固定，最后用大悬臂带将患肢挂于胸前（见图 4-2-21）。

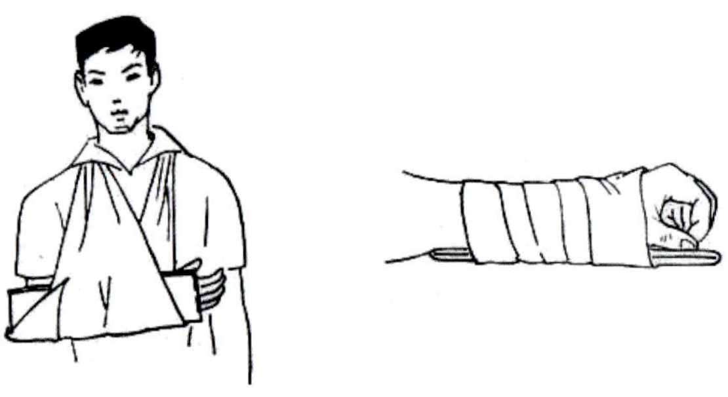

图 4-2-21　手腕部骨折固定

（5）股骨骨折：用 2 块长夹板分别置于伤肢的内侧和外侧，内侧夹板的长度从大腿根部至足跟，外侧夹板的长度从腋下至足跟，然后用 5～8 条宽带固定夹板，在外侧打结。

（6）小腿骨折：用两长夹板置于伤肢的内外侧，内侧夹板的长度从大腿中部至足跟，外侧夹板的长度从膝上至足跟，然后用 4～5 条宽带固定夹板，分别在膝上、膝下和踝部外侧打结。

六、注意事项

（1）固定时夹板的长短、宽窄要适当，应能将骨折处上下 2 个关节都固定，夹板不可直接接触皮肤，要用棉花、绷带或软布包垫，在夹板的两端、骨突处及空隙处要用棉花或软布填塞，避免产生压迫性损伤。

（2）绑缚夹板的宽带应先绑在近骨折处的上下端，然后分别绑在上下关节，打结打在肢体的外侧，若肢体显著畸形而妨碍夹板固定，可将伤肢沿其纵轴稍加牵引后再固定，固定要牢固，松紧度要适宜，过松失去固定作用，过紧则会压迫神经、血管。

（3）四肢骨折固定时要露出指（趾）端，以便观察肢体的血液循环情况，若发现指（趾）端苍白、发麻、发凉、疼痛或呈青紫色，应马上松解夹板并重新固定。

（4）上肢骨折夹板固定后要用悬臂带将伤肢挂于胸前，下肢骨折夹板固定后可与健肢绑缚在一起后再进行搬运。

第五节 搬 运

伤病员在现场进行初步急救处理后和在随后送到医院的过程中，必须经过搬运这一重要环节。规范科学的搬运对伤员的抢救、治疗和预后都是至关重要的，是急救医疗不可分割的重要组成部分。

一、搬运原则

（1）休克人员平卧，尽量减少搬动。

（2）怀疑骨折时不应让伤病员尝试行走。

（3）骨折人员应先固定再搬运。

（4）脊椎骨折伤病员在搬运时，应做好保护，防止伤病员受到伤害。

二、搬运方法

（一）徒手搬运法

该方法适用于伤势轻和搬运距离较短的伤员，可分为单人、双人和多人搬运法。

（1）单人扶持法（见图 4-2-22）：急救者位于伤员的体侧，一只手抱住伤员腰部。伤员的一只手绕过急救者颈后至肩上，急救者的另一只手握住其腕部，两人协调缓行。它适用于伤势轻、神志清醒而又能自己步行的伤员。

（2）单人抱扶法（见图 4-2-23）：急救者一只手托住伤员的背部，另一只手托住伤员的大腿及腘窝将伤员抱起，伤员的一臂挂在急救者的肩上。此法适用于伤势较轻、神志清醒但体力较差或虚弱的伤员。

图 4-2-22 单人扶持法

图 4-2-22 单人抱扶法

(3) 双人搬运法(见图 4-2-24):2 名急救者相对而立,各以一只手互握对方的前臂,另一只手互搭在对方的肩上。伤员坐在急救者互握的手上,背部支持于急救者的另一臂上,伤员的两手分别搭于 2 名急救者的肩上。此法适用于神志清醒、足部损伤而行走困难的伤员。

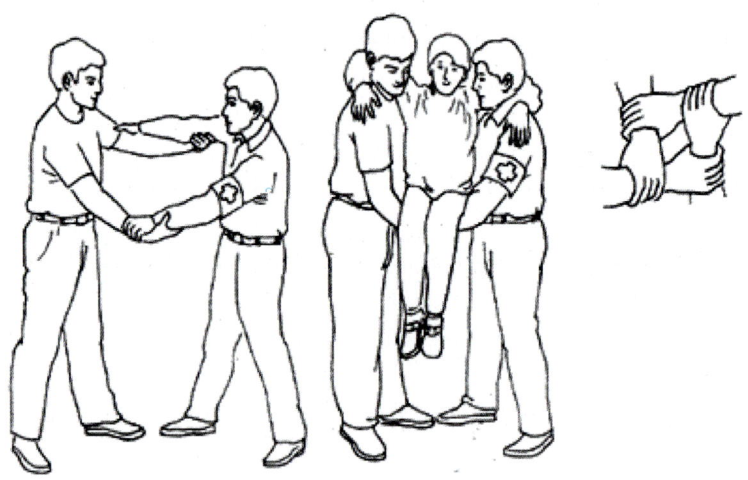

图 4-2-24 双人搬运法

(4) 三人搬运法(见图 4-2-25):3 名救护者同站于伤员的一侧。第一人以外侧的肘关节支持伤员的头颈部,另一肘置于伤员的肩胛下部;第二人用双手自腰至臀托抱伤员;第三人托抱伤员的大腿下部及小腿上部。三人行走要协调一致。此法适用于身体较重、昏迷或肢体骨折后没有担架等情况的伤员。

图 4-2-25 三人搬运法

(5) 脊柱骨折多人搬运法(见图 4-2-26):这种伤情多较为严重,严禁乱加搬动,应轻巧平稳地在保持脊柱安定的状况下,移至硬板担架上,用三角巾固定后,及早转运。切勿扶持患者走动或躺在软担架上,这样会使脊柱骨折加重对神经的压迫,引起终身截瘫。

当怀疑骨折时,一定要按骨折对待,应先固定,再搬运。

（二）担架搬运法

担架搬运法是指用担架（包括软担架、铲式担架、脊柱板、罗伯逊担架）等现代医用搬运器械，或者因陋就简利用床单、被褥、靠椅、木板等作为转移工具的搬运方法，适用于躯干、下肢骨折，危急重症病人和较远路程的转运。

图 4-2-26　脊柱骨折多人搬运法

1. 担架类型

（1）帆布折叠式担架：适用于一般伤员的搬运，不宜用于转运脊柱损伤的人员。

（2）铲式担架（见图 4-2-27）：适于脊柱骨折等不宜随意翻动、搬运的危重伤员。使用铲式担架不需要翻动病人，不改变病人的体位，从病人的两侧夹入，避免再次损伤伤员，并能固定颈部。

（3）四轮担架：伤员可从现场平稳地推至救护车、救生艇、飞机舱，或用于在医院内转接伤员。

（4）罗伯逊担架（见图 4-2-28）：构造有一定的灵活性和特殊性，适合空中或海上救援。担架上附有固定伤员头部、躯干和四肢的安全带，能将伤员牢固地包裹起来，且悬钩能与直升机上的挂钩连接，可安全灵活地进行抬、拖、吊等搬运，实现海上直升机救援。另外，它体积小，软硬适中，可折叠，便于携带。

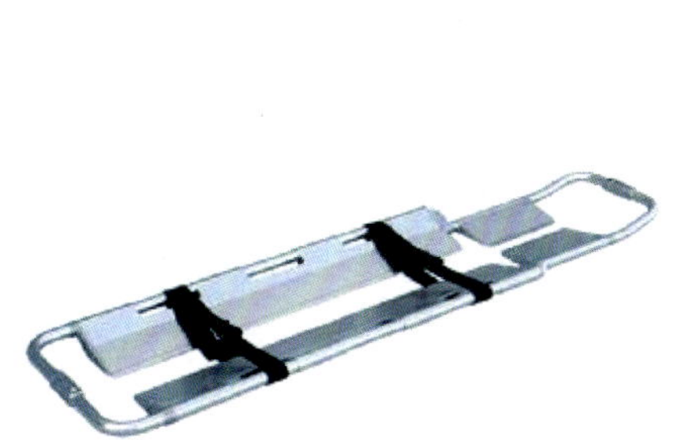

图 4-2-27　铲式担架

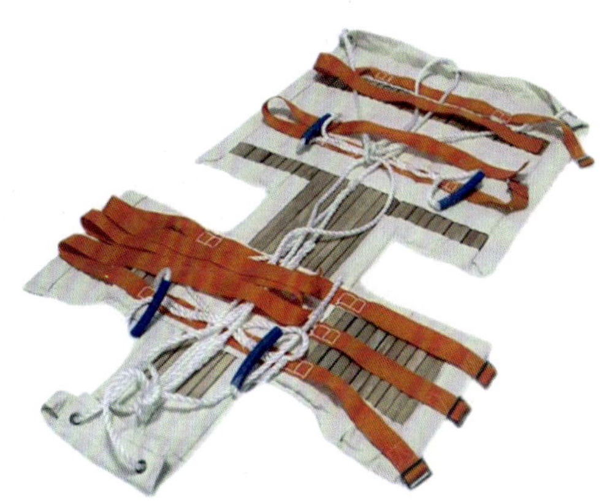

图 4-2-28　罗伯逊担架

2. 担架搬运方法

急救人员 2～4 人一组，将伤者水平托起，平稳放在担架上，脚在前，头在后，以便观察。抬担架的步调、行动要一致，平稳前进，向高处抬时（如上台阶），前面的人要放低，后面的人要抬高，使伤者保持水平状态，下台阶时则相反。

海上典型伤害的急救措施

第一节 烧 伤

烧伤泛指各种热源、光电、化学腐蚀剂(酸、碱)、放射线等因素所致的人体组织损伤。热源包括热水、热液、热蒸汽、热固体或火焰等。轻微的烧伤可以是一般的生活性损伤事件，预后良好。严重的烧伤预后严重，需紧急救治。本节所述烧伤主要指高温所致的热烧伤。

一、临床特点

烧伤的组织可能坏死，体液渗出引起组织水肿。小面积浅度烧伤时，体液渗出量有限，通过人体的代谢补偿，不致影响全身有效循环血量。大面积或深度烧伤时，渗出、休克、感染、修复等病理过程和表现较明显，可并发脓毒症和多脏器功能障碍。

二、烧伤面积估算

烧伤面积指皮肤烧伤区域占人体表面积的百分数。常用九分法和手掌法估算。

(一) 九分法(见图 4-3-1)

根据中国人实际体表测定所得。估算方法：头颈部 9%(1×9%)，上肢 18%(2×9%)，躯干(包括会阴)27%(3×9%)，双下肢(包括臀部)46%(5×9% +1%)。

(二) 手掌法(见图 4-3-2)

不论年龄、性别，将患者的 5 个手指并拢，其手掌面积即估算为 1%体表面积。如果医者手掌与患者相近，可用医者手掌估算。小面积烧伤，一般用手掌法估计烧伤面积，大面积烧伤常与九分法联合使用。

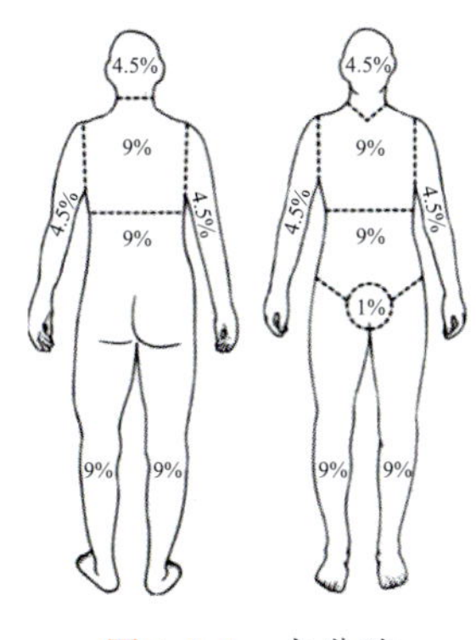

图 4-3-1 九分法

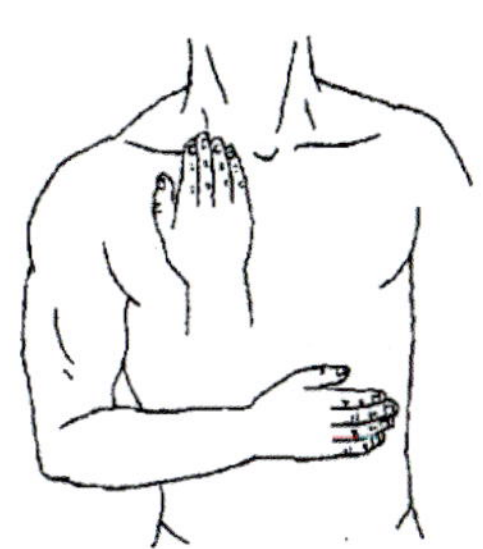
图 4-3-2 手掌法

三、烧伤深度判断

临床已普遍采用的方法是三度四分法。

（一）Ⅰ度烧伤（又称红斑性烧伤）

一般仅伤及表皮浅层，表皮生发层尚健在，再生能力活跃。表面呈红斑状，干燥、微肿发红，有烧灼感，无水疱，皮温略高，3～7 天脱屑痊愈，不留瘢痕，短期内有色素沉着。

（二）Ⅱ度烧伤（又称水疱性烧伤）

（1）浅Ⅱ度烧伤：伤及表皮的生发层与真皮乳头层（真皮浅层）；局部红肿明显，有大小不等的水疱形成，内含黄色或淡黄色血浆样液体或蛋白凝固的胶冻物。水疱皮破裂后，创面潮湿、红润，有剧痛或感觉过敏，皮温增高。若无感染，1～2 周内愈合后不留瘢痕，皮肤功能完好。由于有色素细胞的破坏，偶有色素改变。

（2）深Ⅱ度烧伤：伤及真皮深层，介于浅Ⅱ度和Ⅲ度之间，深浅不一致。因变质的表层组织增厚，水疱小而扁薄，感觉稍迟钝，有拔毛痛，皮温稍低，去除坏死皮（痂皮）后，创面浅红或红白相间，质地稍韧，或可见网状栓塞血管，表面渗液少。如不感染，可融合修复，一般需 3～4 周。如发生感染，不仅愈合时间延长，严重时可将皮肤附件或上皮小岛破坏，创面则需植皮方能愈合。

（三）Ⅲ度烧伤（又称焦痂性烧伤）

Ⅲ度烧伤指全皮层烧伤甚至达到皮下、肌肉或骨骼。由于损伤程度不同，局部外观呈蜡白、黄褐、焦黄或碳化。创面无水疱、无渗液、干燥、发凉、针刺无感觉、拔毛不痛，触之硬如皮革，痂下可显树枝状栓塞的血管。3～4 周焦痂脱落，形成肉芽创面，边缘有上皮生长。因皮肤及其附件全部烧毁，无上皮再生的来源，必须靠植皮而愈合。只有很局限的小面积Ⅲ度烧伤才有可能靠周围健康皮肤的上皮爬行而收缩愈合。

Ⅰ度烧伤易于判断，浅Ⅱ度与深Ⅱ度、深Ⅱ度与Ⅲ度烧伤伤后不易即刻区别。深Ⅱ度或Ⅲ度烧伤愈合较慢并留下瘢痕，烧伤区的皮肤皱缩、变形，影响功能。烧伤后常常要在治疗过程中，才能区分深Ⅱ度与Ⅲ度烧伤。

(四)烧伤伤情分类

对烧伤严重程度,主要根据烧伤面积、深度及是否有并发症进行判断。以下是临床上一直沿用的烧伤伤情分类。

(1) 轻度烧伤:总面积为10%以下的Ⅱ度烧伤。

(2) 中度烧伤:Ⅱ度烧伤、总面积为11%~30%,或Ⅲ度烧伤面积在10% 以下。

(3) 重度烧伤:烧伤总面积为31%~50%;Ⅲ度烧伤面积为11%~20%;或烧伤面积虽不是30%,但全身情况较重或已有休克、复合伤、呼吸道吸入性损伤或化学中毒等并发症。

(4) 特重烧伤:烧伤总面积50%以上;Ⅲ度烧伤面积在20%以上;已有严重并发症。

四、现场急救

(一)迅速脱离热源(现场)

如被火焰烧伤应尽快灭火,脱去烧烫过的衣物。扑灭火焰的方法:就地翻滚或是跳入水池,互救者可就近用非易燃物品(如棉被、毛毯)覆盖,熄灭身上的火焰。忌奔跑呼叫,以免风助火势烧伤头面部和呼吸道。避免双手扑打火焰,造成重要功能的双手烧伤。脱去烧烫过的衣物,切忌粗暴剥脱,以免造成水疱脱皮。热液浸渍的衣裤,可以冷水冲淋后剪开取下,强力剥脱易撕脱水疱皮。

(二)冷疗

用于小面积Ⅱ度烧伤,尤以肢体烧伤为宜。去除致伤因素后,创面应用冷水冲洗或浸泡,既可减痛,又可迅速降低热度,减轻组织水肿,减少烧伤的深度与范围。持续时间一般不少于15 min,头面部等特殊部位则以冷水湿敷,Ⅲ度烧伤则无此必要。

(三)保持呼吸道通畅

烧伤常伴有呼吸道受烟雾、热力等造成的损伤,特别应注意保持呼吸道通畅,吸氧。如出现窒息,发生呼吸心脏骤停,立即行心肺复苏。

(四)保护受伤部位

在现场附近,创面只求不再污染、不再损伤,可用三角巾、干净敷料或布类保护,如面部较大面积烧伤可以采用三角巾面部风帽式包扎法,简单包扎后送医院处理,避免用有色药物涂抹,如甲紫、红汞,否则会增加随后烧伤深度判定的困难。

(五)镇静、止痛安慰受伤者

使其情绪稳定,勿惊恐、烦躁。酌情使用安定、哌替啶(杜冷丁)等。

(六)合并伤处理

大出血、窒息、开放性气胸、严重中毒等,应迅速组织抢救。

（七）抗休克治疗

强烈的疼痛刺激以及创面渗出造成体液丧失，极易导致休克发生，轻度烧伤者可饮糖盐水（1 000 mL 水，水中加 3 g 盐、50 g 白糖），对大面积严重烧伤者须及早建立静脉输液通道，予以输液抗休克治疗，就近转送医院，途中应注意观察生命体征的变化。

（八）转运

转运大面积烧伤患者，应转送到有烧伤科的医院进行救治，如转运路途较远，则可将伤者送到就近医疗单位先行抗休克治疗。待病情稳定后，在继续抗休克的前提下转送。

五、创面的处理

轻度烧伤创面处理包括：剃净创面周围毛发，清洁健康皮肤，去除异物然后消毒包扎。

Ⅰ度烧伤创面一般无须处理，属红斑性炎症反应，能自行消退。如烧灼感重，可外涂薄层牙膏或清凉药物、烫伤膏减痛。

小面积浅Ⅱ度烧伤处理：水疱皮完整者，应予保留，水疱大者，可用消毒空针抽去水疱液，水疱皮可充当生物敷料，保护创面、减痛，且可加速创面愈合。如水疱皮已撕脱，则予剪除。用生理盐水或 1％新洁尔灭轻拭消毒，内层用油性敷料，外层用无菌纱布，敷料要超过伤口边缘至少 5 cm，无须经常换药，以免损伤新生上皮，可保持 5～7 天后打开。

面、颈与会阴部烧伤可予暴露。

上肢或下肢烧伤，应保持在高于心脏水平的位置，以减轻水肿。

如果是关节部位的Ⅱ度或Ⅲ度烧伤，必须用夹板固定关节，关节活动会使创伤恶化。如创面已感染，应勤换敷料，清除脓性分泌物，保持创面清洁，多能自行愈合。按需要应用止痛剂、镇静剂，酌情注射破伤风抗毒素。

严重烧伤：应运送到有烧伤专科的医院治疗。

第二节　触　电

触电是指人体直接接触电源或受到雷击，电流通过人体造成的损伤。交流电比直流电的危险性大 3 倍。电压越高，电流越强，电流通过人体的时间越长，损伤也越重。轻者仅有局部麻木或震颤，重者心跳、呼吸停止，进而立即死亡。

一、症状

（1）轻型：触电时感到一阵惊恐不安，脸色苍白或呆滞，接着由于精神过度紧张而出现心慌、气促，甚至昏厥，醒后常有疲乏、头晕、头痛、精神兴奋症状，一般很快恢复。

（2）重型：肌肉发生强直性收缩，因呼吸肌痉挛而发生尖叫。呼吸中枢受抑制或麻痹，可表现为呼吸浅而快或不规则,甚至呼吸停止。心率明显增速,心律不齐,而致心室颤动,血压下降、昏迷,进而很快死亡。

(3) 局部烧伤:主要见于接触处和出口处。局部呈焦黄色,与正常组织分界清楚,少数人可见水疱,深层组织的破坏较皮肤伤面广泛,以后可形成疤痕。损伤局部血管壁可致出血或营养障碍,如腋动脉、锁骨下动脉等血管出血有致命危险。

二、急救方法

(1) 立即使触电者脱离电源:立即关闭电门、切断电路、用绝缘物品挑开电源等。

(2) 脱离电源后,要立即检查心、肺。如呼吸、心跳无异常,仅有心慌、乏力、四肢发麻者可安静休息,以减轻心脏负担,加快恢复。必要时可用镇静剂,或针灸治疗,如针灸合谷穴、太中穴。

(3) 如呼吸、心跳微弱或停止,瞳孔散大,需立即作心肺复苏处理,至少坚持 6~8 h,至复苏或尸斑出现才能停止。

(4) 经上述处理后,心跳仍停顿者,可在以上操作的同时静脉或心内注射肾上腺素 0.5~1 mg 或异丙肾上腺素 0.5~1 mg。呼吸停止者在做人工呼吸的同时用山梗菜碱 10 mg 静脉或心内注射。

(5) 心跳、呼吸恢复后,伴有休克者给予抗休克处理。

(6) 局部烧伤创面及局部出血应予以及时处理。

第三节　溺　水

一、溺水时的救助方法

(一) 自救

(1) 不熟悉水性误入水者采取自救时,首先要保持镇静及头脑清醒。

具体方法:采用仰浮,头向后,口鼻可露出水面,此时就能呼吸。呼气宜浅吸气宜深。这样则稍能浮于水面,以待援救,切忌将手向上举或挣扎,举手反而使人下沉。

(2) 会游泳者,若因小腿痉挛而致淹溺,应平心静气,及时呼救。自己也可采取仰浮体位。若手腕部肌肉痉挛,手指可做伸屈运动,用两足游泳。

(二) 他救

救助者不可慌张,尽可能脱去衣裤等迅速游到溺水者附近,观察其位置并从其后方接近,用左手从其左臂和身体中间握其右手,也可拖其头部,用仰泳方式拖向岸边。如果溺水者还在水中挣扎,则可从其背部拉其腋窝拖出。

如救助者的游泳技术并不熟练,最好携带救生圈等作为自卫工具。援救时,不要被溺水者紧抱缠身，以免累及自身。

二、对救起的溺水者实施急救

溺水后可能因水进入呼吸道或由于喉头痉挛造成急性缺氧窒息，引起呼吸、心跳停止而死亡。

(1) 对救起的溺水者，首先要确定以下几点：

① 是否有呼吸、心跳。

a. 用耳贴左胸确定有无心音。

b. 用手按颈动脉、股动脉、桡动脉部位，确定有无搏动。

c. 看其瞳孔是否散大，对光反射消失与否。

以上检查中以前 2 项对确定心跳停止的可靠性最大，但 3 项中具备任何一项者，可确定心跳已停止。

② 神志是否清醒。

③ 是否需要控水。

④ 是否有外伤，体温是否过低。

(2) 急救措施。

溺水者如无呼吸、心跳，应立即清理呼吸道，给予人工呼吸及胸外心脏按压。

(3) 复苏后的处理。

经心肺复苏处理，呼吸、心跳恢复后，如处理不当仍有死亡的危险，因而不能大意，需注意以下几点：

① 继续保暖。

② 神志不清者，应多翻身，头偏向一侧。不给予口服饮食。

③ 需密切观察病情变化。

④ 禁用酒精饮料，含酒精的药物也不宜用。

⑤ 意识恢复后，宜给温甜的饮料，但一次进量不可太多，以免引起呕吐。

⑥ 至少安静卧床 24 h。

第四节 冻 伤

人体受到寒冷刺激而发生的全身或局部的损伤称为冻伤。

一、症状

一度：皮肤充血红肿，自感麻木灼痛或瘙痒。

二度：可见大小水疱。疼痛剧烈，温、热、触觉消失。

三度：全层皮肤受冻坏死，皮肤呈黑褐色，感觉消失。

四度：坏死深达肌肉和骨骼。

二、治疗

（一）局部冻伤

用 35～40 ℃的水洗几次，擦干，搽冻疮膏，盖上棉花及其他保暖物品。包扎要轻松，以免压迫局部血管。

（二）全身冻伤

首先要进行复温。青壮年及身体条件较好的病人多用较快的速度复温。将病人放入 38～42 ℃的水中 10 min，口鼻要露在水面外，至指（趾）甲床潮红为止。神志清醒后 10 min 左右移出擦干，用厚被子保暖。对于冻伤病人绝不允许采取火烤复温。

对于年老、体弱者应采用缓慢复温的方法。把病人放在温房里用棉被裹身保暖使体温逐渐上升。

绝对不可用手按摩受冻部位，这样会加剧破坏受伤的细胞组织，还会加剧患者的疼痛，甚至会导致休克。

伤者清醒后应给予热的饮料，如姜糖水、浓茶等，让其充分休息。

（三）转移

对严重大面积冻伤人员需转移到温暖的环境中，在转移时应谨慎细心。因为冻伤时其身体僵冷，甚至冻结，动作稍粗暴用力过猛，即容易造成扭伤、组织断裂。所以转移时，动作要轻巧柔和，注意保护肢体。

第五节　中　暑

一、病因

（1）烈日暴晒。
（2）高热环境中劳动，大量出汗，丧失盐分。
（3）气温超过 34 ℃，温度高，通风差易中暑。

二、临床表现

（一）轻症中暑

患者出现疲乏、恶心、呕吐、胸闷、炎热、皮肤干热无汗或潮湿、肌肉痉挛、头晕、头痛、耳鸣、眼花、昏厥甚至血压下降和昏迷等症状。

(二) 重症中暑

1. 热痉挛

患者四肢肌肉有抽搐及痉挛现象。主要与气温过高，大量出汗进盐不足有关。

2. 日射病

有头痛、头晕、眼花、耳鸣、恶心、呕吐等症状，本病与烈日暴晒头部时间过长有关。

3. 热射病

典型病人有高热。皮肤干燥无汗、谵妄、躁动，严重者出现昏迷抽搐、休克、心律失常、呼吸衰竭。主要由于气温过高、空气潮湿，体内的热量不能随汗散发所致。

4. 热衰竭型(又称循环衰竭型)

先有头晕、恶心，后昏倒，面色苍白，呼吸浅表，皮肤发冷，脉搏细，血压下降，瞳孔放大，神志不清。

三、急救

(1) 使患者避开阳光照射，在通风良好的地方静卧，稍抬高头部及肩部。

(2) 放松紧束身体的衣裤、腰带及鞋带。

(3) 轻症中暑者可选用十滴水、人丹、风油精等。

(4) 体温高者，用冷水擦身，使皮肤发红或冷敷。

(5) 药物降温与物理降温：物理降温用 30%～50%酒精擦浴。药物降温时，若肛门温度降至 38 ℃，停止降温。

四、预防

(1) 遮隔热源。

(2) 自然通风降温。

(3) 机械通风降温。

(4) 加强个人防护措施。

(5) 在工作及休息场所供给充足的清凉饮料。

(6) 准备防暑药物：人丹、藿香正气水、风油精等。

第六节 气管异物

在进食瓜子、豆类、花生等物时，常因突然受到惊吓、跌倒、哭笑等而将异物吸入气管。成人多因口中含物，或因昏迷时将呕吐物、假牙吸入气管。气管受到异物刺激，突然出现剧烈咳嗽、喘鸣，呼吸和吞咽困难，声音嘶哑，面色苍白，继之变为青紫，甚至失去知觉，昏倒在地上。若不及时抢救，异物完全堵塞气管，超过 4 min 就会危及生命，即使抢救成功，也会留下瘫痪、失语等严重后遗症。如果仅堵塞部分气管，但又咳不出来，就可能导致肺炎、肺不张。因此，最关键的措施是在现场即刻将异物排出。

现场急救最为理想的方法是海姆立克急救法。海姆立克急救法适用于自救，也可用于互救。

一、站位急救法

救护者站在患者身后，用双臂围绕患者腰部，一只手握拳，拳头的拇指侧顶在患者的上腹部(肚脐稍上方)；另一只手握住握拳的手，向上、向后猛烈挤压患者的上腹部(见图 4-3-3)。挤压动作要快速，压后随即放松。

二、利用椅子急救法

如果自己发生气管异物，周围又没有其他人能帮助的时候，可以借助椅子，实施海姆立克急救法来自救。稍稍弯下腰去，靠在椅背上，以椅背边缘压迫上腹部，快速向上冲击(见图 4-3-4)。重复进行，直到异物排出。

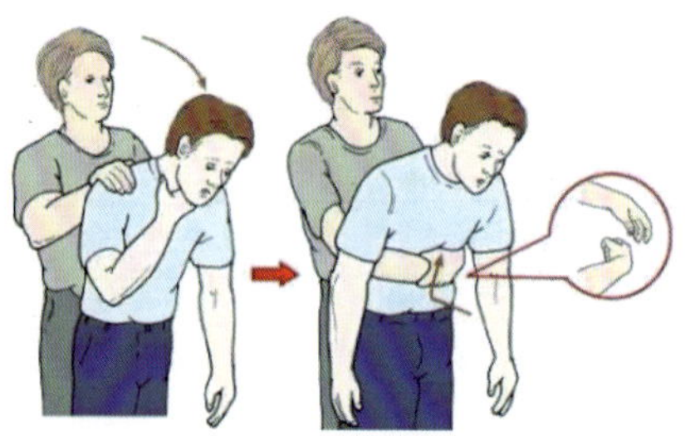

图 4-3-3　站位急救法

图 4-3-4　利用椅子急救法

第七节　休　克

休克是由于各种致病因素作用引起的有效循环血容量急剧减少，导致器官和组织微循环灌注不足，致使组织缺氧、细胞代谢紊乱和器官功能受损的综合征。血压降低是休克最常见、最重要的临床特征。

一、病因

(一) 低血容量性休克

严重失血(内出血或外出血)或失水(呕吐、腹泻)、失血浆(大面积烧伤)，使血液容量突然减少，导致低血容量性休克。此种休克多见于肝脾破裂、消化道大出血、严重吐泻、大面积烧伤、严重创伤等。

（二）心源性休克

心源性休克指心泵不能维持全身的血流量以满足代谢的需要所发生的休克。最常发生于大面积心肌梗死、大块肺栓塞、乳头肌或腱索断裂、快速性心律失常、主动脉夹层等。

（三）感染性休克

感染性休克又称内毒素性休克或中毒性休克。常见于痢疾、中毒性肺炎、乙型脑炎病毒等。

（四）过敏性休克

过敏性休克由于抗原(致敏原)与相应的抗体反应引起的一种全身性变态反应。常见于药物过敏如青霉素或注射抗毒血清、生物制品、毒虫叮咬等。

（五）神经源性休克

由于剧烈的神经刺激引起血管活性物质释放，导致外周血管扩张，有效循环血量减少引发休克。常见于外伤所致剧痛、脊髓损伤、药物麻醉等。

二、临床表现

(1) 神志改变，初期出现烦躁不安、口渴等症状，随后转为抑郁而淡漠，严重者出现昏迷。

(2) 皮肤苍白、发绀、湿冷。

(3) 脉搏细弱，心率为 100 次/min 以上。

(4) 血压下降，一般降至 80/60 mmHg 以下，脉压小于 30 mmHg。

(5) 尿量减小，小于 25 mL/h。

三、判断标准

(1) 具有休克的诱因。

(2) 意识障碍。

(3) 脉搏大于 100 次/min 或不能触及。

(4) 四肢湿冷、胸骨部位皮肤指压阳性(再充盈时间超过 2 s)；皮肤有花斑，黏膜苍白或发绀；尿量小于 30 mL/h 或无尿。

(5) 收缩压小于 90 mmHg。

(6) 脉压小于 30 mmHg。

(7) 原有高血压者收缩压较基础水平下降 30%以上。

凡符合(1)(2)(3)(4)中的 2 项，和(5)(6)(7)中的 1 项者，即可诊断。

四、紧急处理

休克的治疗原则首先是稳定生命指征，保持重要器官的微循环灌注和改善细胞代谢，并在此前提下进行病因治疗。

（一）就地抢救

休克病人应尽可能就地抢救，避免过多搬动及远距离搬运。短程运送亦须在血压相对稳定之后，常规给氧及补液后在人员监护下运送。

（二）体位

仰卧头低位，下肢抬高20°～30°（见图4-3-5），有心衰或肺水肿者半卧位或端坐位，或此种体位与平卧位相互交替。抬高头胸部，有利于膈肌的活动，增加肺活量。抬高下肢有利于增加回心血量，提高有效血容量。

图4-3-5　仰卧头低位

（三）对心跳、呼吸骤停者立即行心肺复苏

保持呼吸道通畅，吸氧，镇静，监测尿量，注意保暖。一般可用鼻导管法。缺氧严重及发绀者，有条件的可采用面罩给氧。有剧烈疼痛者可用吗啡5～10 mg或杜冷丁50～100 mg肌肉注射。对呼吸困难及急腹症不明诊断者应慎用。对面色苍白、四肢湿冷、出冷汗者应采取保温措施。

（四）原发病治疗

这是治疗的关键，应按导致休克的病因针对性治疗。

（1）对开放性外伤立即行止血、包扎、固定。口服云南白药、卡巴克洛（安络血），肌肉注射酚磺乙胺（止血敏）等。

（2）凡药物过敏性休克必须立即停药，检查血压、脉搏，观察呼吸，立即给予肾上腺素、糖皮质激素、升压药、脱敏药等。

（3）神经源性休克是因强烈神经刺激如创伤、剧痛等，引起血管活性物质释放，导致外周血管扩张，引起休克、剧痛，有条件的可给予吗啡、杜冷丁等止痛，去除病因。

（4）感染性休克，给予抗生素抗感染、糖皮质激素等。

（5）心源性休克给予抗心律失常、强心等。

（五）补充血容量

除心源性休克外，补液是抗休克的基本治疗。尽快建立静脉通路，有条件的快速补充生理盐水、低分子右旋糖酐等。

(六) 给予药物

有条件的可及时给予下列药物:

(1) 碳酸氢钠 100～250 mL,静脉滴注,纠正酸中毒。

(2) 血管活性药物:多巴胺、多巴酚丁胺、肾上腺素。

(3) 其他药物:糖皮质激素(包括氢化可的松、地塞米松),适用于感染性休克、过敏性休克。

(七) 转院治疗

迅速转院进行抢救治疗,转院前有条件的应尽量采取以上措施后,再行转院,行进途中继续采取必要的抢救措施。

五、注意

休克应与低血压状态和晕厥相鉴别。

(一) 低血压状态

患者平时血压较低,无动态改变,无周围循环不良表现。与休克不难鉴别。

(二) 晕厥

晕厥是由于强烈的精神刺激(如悲痛、恐惧、剧痛等)或长时间站立引起的一种过性脑缺血。常在体质较弱的人群中发生。其机制为短暂性血管舒缩功能失调。临床上以面色苍白、出冷汗、头晕眼花、身体不能站立为主要特征,血压一般无变化。经卧床休息后可很快好转。

第八节 中　毒

中毒一般由误食、吸入、皮肤接触 3 种形式造成。

人体中毒以后通常采用的急救方法有 2 种,即去毒法及解毒法(中和法)。主要是使毒物对人体不发生有毒作用或将有毒作用降到最小限度。

一、去毒法

(1) 对吞服毒物中毒者,通常采用催吐、洗胃、导泻(清肠)、利尿等方法处理,排出毒物或促进毒物的排泄。

① 催吐:服大量盐水或牛奶 3～4 杯后,刺激咽部催吐。吞服腐蚀剂或煤油者不宜催吐。

② 洗胃：大量饮入 1∶5 000 高锰酸钾溶液以后，刺激咽部催吐，反复几次，至洗出液清晰为止。

③ 导泻：服用 50%硫酸镁或 5%硫酸钠 40～60 mL，促使毒物排泄。

④ 利尿：静脉输入 5%葡萄糖液或 5%葡萄糖盐水 1 500～2 000 mL，以增加尿量。

(2) 对皮肤损伤者可用大量清水冲洗附着毒物的皮肤、毛发，脱去染有毒物的衣服，达到去毒的目的。

二、解毒法

(1) 采用对特殊毒物具有对抗作用的药剂或一般解毒剂，也可用蛋白、牛奶沉淀毒物，蛋白、牛奶有保护黏膜的作用。活性炭可吸附毒物，减少吸收。还可用弱碱中和强酸，弱酸中和强碱。用高锰酸钾氧化有机毒物。

(2) 皮肤损伤（皮炎或灼伤者），用清水冲洗后再用适用的缓冲剂（中和剂）洗涤或湿敷。

(3) 呼吸道中毒：呼吸系统中毒是由于吸入了带有腐蚀性、刺激性的有毒气体如发烟硝酸、氨、氯、苯和其他一些有机物品的气体所造成的。

症状：咳嗽多痰，气急，呼吸感到困难，胸部有压迫感。重者可出现皮肤、口唇、甲床青紫，呼吸衰竭，肺气肿等。

急救措施：应迅速将中毒者撤离现场移至通风良好的地方，让其呼吸新鲜空气，松开衣服，静卧，并注意保暖，对呼吸系统中毒者禁用吗啡。

三、中毒的分类

（一）石油产品的急性中毒

海上油气设施的工作人员接触石油产品的机会较多。由于汽油易挥发，故汽油中毒容易发生，主要是由于吸入汽油蒸气所致，少部分也可因误服汽油引起，皮肤吸收中毒很少出现。

1. 临床症状

(1) 轻度中毒：为一般麻木症状，如头晕、头痛、恶心、呕吐、无力、嗜睡，也可出现酒醉步态，神志恍惚，精神兴奋，语言增多，言语不清。一般脱离现场后，给予简单治疗即可很快好转。

(2) 重度中毒：常因短时间内吸入大量汽油蒸气所致，可分为 3 种类型。

① 昏迷型：病人迅速出现昏迷、抽搐、肌肉痉挛、瞳孔放大、大小便失禁、脉搏细弱、呼吸表浅或不规则、发绀、血压下降或出现中枢性高热。

② 中毒性精神病型：可有烦躁不安、精神失常或癔病样发作。表现为哭笑无常、四肢乱动、忧愁、恐惊、胡言乱语等症状，严重者可出现呼吸麻痹、肝功能损害，甚至呼吸停止而死亡。一般治疗后可在短期内恢复。

③ 汽油吸入性肺炎：汽油吸入呼吸道以后，可引起支气管炎、支气管肺炎或大叶性肺

炎。表现为剧烈咳嗽、咯血痰，数小时后感到胸痛、气急，出现发绀、发热寒战，甚至可发生肺水肿。两肺听诊可有大量水泡音。

此外，误服汽油常有剧烈上腹部疼痛、恶心、呕吐等症状，也可引起中毒性肝病。

2. 治疗

(1) 立即将患者移至新鲜空气场所卧床休息并注意保暖。

(2) 有呼吸困难者给予吸氧并保持呼吸道通畅，及时吸痰，必要时做人工呼吸。

(3) 误服汽油中毒者，可饮用温牛奶或用橄榄油洗胃，服用硫酸镁导泻或清洁灌肠。

(4) 如发生脑水肿，可给予20%甘露醇等脱水剂。

(5) 吸入性肺炎，可用足量抗生素，若血压下降，应给予抗休克处理。

(6) 剧烈咳嗽及胸痛，可给予0.03 g可待因口服，一日3次，烦躁不安者可用镇静剂。为保护脑细胞、肝、肾可用维生素C、ATP、细胞色素C等药物。

(二) 急性氨中毒

氨为无色、有辛辣刺激味的气体，易被液化，溶于水而成氨水，又称氢氧化铵，在工业和农业上用途甚广。

1. 中毒原因

常因盛装液态氨的容器或管道破漏等意外事故，使氨气大量外逸，而发生急性中毒。

2. 毒理

低浓度氨仅对黏膜、皮肤有刺激作用，使黏膜充血、水肿和分泌物增加。高浓度氨可致接触部位灼烧，组织坏死，发生化学性支气管炎，肺炎及肺水肿。氨对中枢神经系统有毒性，可引起呼吸中枢神经兴奋，严重时可致呼吸停止。也可引起中毒性肝病和心肌、肾脏轻度损害。

3. 临床表现

局部症状以眼、呼吸道刺激症状为主，表现为眼结膜充血、灼热感、流泪、畏光、异物感等，以及流涕、咽痛、声嘶、咳嗽咯血痰等。严重者可引起喉头水肿、痉挛甚至窒息。可并发急性肺水肿。

消化道刺激后，主要表现为恶心、呕吐、上腹痛。

接触高浓度氨的皮肤，黏膜有灼伤，出现红斑、水泡、坏死、溃疡。部分患者出现中毒性精神症状，如烦躁不安，谵语，继而可发展为昏迷，肝大(即肝肿大)并伴触痛，转氨酶升高及出现黄疸。也可出现心肌扩大、心音减弱、心律失常。患者可出现呼吸困难、咳嗽剧烈、咯粉红色泡沫状痰，出现血压下降，休克时患者四肢厥冷，脉搏细速，少尿或无尿。

4. 治疗

(1) 立即将患者撤离现场，脱去被污染的衣服，保暖。对眼结膜损伤者，先用2%硼酸液冲洗，继而用5%醋酸可的松和抗生素交替滴眼，疼痛者加入少量丁卡因。皮肤损害的，除用2%硼酸冲洗外，可于红肿皮肤上外敷氟氢可的松软膏，有溃疡者可用化学灼伤油外涂。

(2) 喉头痉挛、水肿导致呼吸困难或窒息者应及早做气管切开，应用抗生素防治呼吸道感染。

(3) 积极防治中毒性肺水肿及呼吸道感染。

① 吸氧,及时吸痰,清除呼吸道的分泌物,皮下注射阿托品以减少呼吸道分泌。

② 限制静脉输入的液量。

③ 及时应用肾上腺皮质激素,每天可用氢化可的松 200～400 mg 加入液体中静脉缓慢滴入。

④ 有烦躁者给予适量镇静剂。出现心力衰竭时可用毛花苷 C(西地兰)或毒毛 K 以及利尿剂。

(4) 出现休克时,可给予血管活性药物。

(5) 其他可用 B 族维生素、维生素 C、辅酶 A、ATP 等药物以保护脏器。

(三) 硫化氢中毒

硫化氢是无色、低浓度时有臭鸡蛋气味的有毒气体,主要从呼吸道进入人体引起中毒,对黏膜也有刺激作用。其浓度越大中毒越深。

1. 临床表现

(1) 轻度中毒。

一般表现为眼结膜充血、灼热、畏光流泪、刺痛,重者也可出现角膜炎、角膜溃疡。此外,可伴有咽痒、咳嗽和胸闷等症状。

(2) 中度中毒。

除上述症状外,还有头痛、头晕、全身无力、运动失调、恶心、呕吐、呼出臭蛋味、呼吸困难、发绀、肝肿大等表现。

(3) 重度中毒。

可迅速出现谵妄、骚动、抽搐,随之出现昏迷,呼吸、心跳停止而死亡。

2. 治疗

(1) 急救。

① 将患者移至空气新鲜处,保暖。

② 保持呼吸道通畅,吸氧。呼吸停止时,立即施行人工呼吸。

(2) 解毒剂。

① 细胞色素 C,一般剂量是 30 mg 加入 5%～10%的葡萄糖溶液中静脉滴入。

② 亚甲蓝(美蓝),一般用量为 500～600 mg 加入 25%的葡萄糖溶液中静推,并可口服铁剂,以提高疗效。

③ 亚硝酸异戊酯吸入,有休克者忌用。

④ 20%硫代硫酸钠 20～40 mL,静脉注射。

以上解毒剂可反复交替使用。

(3) 对症治疗。

① 眼结膜炎,可先用温水或 2%硼酸冲洗,然后用抗生素眼药水及醋酸可的松交替滴眼。

② 可用大剂量维生素 C 加入 50%葡萄糖溶液静推。

③ 必要时应用抗生素，以防治呼吸道感染。

(四) 二氧化碳中毒

二氧化碳为无色、无味的气体，可被液化，也可凝结为固体。海上灭火时常用二氧化碳灭火器，液态二氧化碳大量蒸发为气体。人体吸入高浓度的二氧化碳气体后，先是刺激呼吸中枢，随后又可引起呼吸抑制，甚至呼吸中枢麻痹，造成缺氧和窒息。

1. 症状

与吸入二氧化碳的浓度有关，吸入浓度越高，症状越重。

(1) 轻度中毒：在二氧化碳含量(体积分数)为 5%的空气中逗留过久，可出现头痛、眩晕耳鸣、乏力、呕吐、气急、胸闷、嗜睡等症状，同时可有眼结膜充血、流泪、视力模糊和瞳孔缩小。

(2) 重度中毒：发生于空气中二氧化碳含量(体积分数)达 8%～10%时，主要表现为发绀，呼吸困难，发热，惊厥，昏迷，肺、脑水肿，甚至呼吸中枢麻痹而死亡。

2. 急救措施

(1) 立即将患者移至空气新鲜处，平卧、保暖，有可能时给予吸氧，呼吸麻痹者给予人工呼吸，保持呼吸道通畅。

(2) 应用抗生素控制感染。

(3) 如有惊厥，可给予镇静剂，脑水肿者给予脱水剂。

(4) 肺水肿者可给予毒毛 K、利尿剂及肾上腺皮质激素类药物。

(五) 一氧化碳中毒

吸入高浓度一氧化碳可引起中毒，导致缺氧，可发生严重神经系统损害，甚至危及生命。

1. 病因

发生火灾时，含碳物质燃烧不完全可产生大量一氧化碳，柴油机废气中一氧化碳的含量也很高，都可引起中毒。

2. 毒理

一氧化碳通过肺脏进入血液后与血红蛋白有一种特殊的亲合力，很快就与一氧化碳结合，形成碳氧血红蛋白，使血液失去携氧能力，细胞不能得到所需要的氧气就会引起缺氧、窒息，可造成脑、心、肺许多器官的病变。呼吸时既吸进了一氧化碳，也有氧气，但在双方争夺与血红蛋白的结合上，氧气往往争夺不过一氧化碳，一氧化碳的争夺能力为氧气的 270～300 倍，空气中一氧化碳的含量(体积分数)大于 0.4%时只需 1 h 就能使人中毒死亡。

3. 症状

头晕、头痛、眩晕、耳鸣、眼花、四肢无力、全身不适。上述症状渐渐加重，并出现恶心、呕吐、胸闷、心悸、昏厥，继而可发生昏睡，意识丧失，呼吸急促困难，血压下降，口唇、皮肤常呈樱桃红色。

4.急救

(1) 立即将患者抬离中毒现场,吸入新鲜空气,或打开门窗,加强通风,静卧休息,注意保暖。

(2) 呼吸停止者,可行人工呼吸。

(3) 血压下降者,应用升压药,经上述治疗无效,可及早送医院给予高压氧舱治疗及采用换血疗法。

常见急症

第一节　心绞痛、心肌梗塞

一、心绞痛

心绞痛是心肌急剧的暂时性缺血缺氧所引起的临床症候。

(一) 原因

冠状动脉粥样硬化是最常见原因，也有梅毒性主动脉炎、主动脉瓣关闭不全引起心绞痛的患者。此外，心肌耗氧量增加，如甲状腺功能亢进症，严重贫血等，均可引起心绞痛。

(二) 临床表现

突然发生胸痛，劳动或兴奋时受寒冷刺激、饱餐后或情绪激动均可诱发，疼痛多位于胸骨上段或中段之后，亦可波及大部分心前区，可放射至左肩、左上肢、颈或背部。每次发作历时 1～5 min，偶尔可持续 15 min 之久，休息或舌下含服硝酸甘油片可缓解，严重者可在休息时发生疼痛，发作时面色苍白、表情焦虑，严重者可出冷汗。不典型者疼痛可位于颈、咽、牙齿、下颌等部位。

(三) 急救措施

(1) 休息：停止劳动后症状即可消除。

(2) 硝酸甘油：每片 0.5 mg，置于舌下，1～2 min 内开始起作用，可有头胀、头痛症状。

(3) 冠状动脉扩张剂、硝苯地平(硝苯啶)、硫氮草酮等钙离子阻滞剂：既扩张外周血管，又使冠状动脉扩张，心肌灌流增加，缺血改善，心绞痛缓解。

(4) 镇静剂：如安定、利眠宁等均可使用。

(5) β-受体阻滞剂：普萘洛尔(心得安)10 mg，每日 3 次，与硝酸甘油类合用，效果较好。

二、心肌梗塞

急性心肌梗塞是由于冠状动脉急性闭塞引起严重的心肌缺血,从而发生的心肌坏死。

(一) 临床表现

中年以上病人,特别是过度肥胖,吸烟,有高血压、高血脂、糖尿病史者,突然出现胸骨后或心前区持续性疼痛历时半小时以上至数日,且用硝酸甘油类治疗及休息无效,伴面色苍白、出冷汗,脉微弱,恶心、呕吐,心脏检查时,心尖第一心音减轻,心率增快或心律不齐,均要考虑急性心肌梗死。

心肌梗塞不典型者,可见于年轻人,也可无胸痛,主要表现为昏厥、呕吐、腹痛,甚至无明显症状,需要警惕。病人可以突然出现心力衰竭、休克、心律失常或猝死,对于疑有心肌梗塞而海上又无心电图设备时,应及时送医院进一步诊治。

(二) 急救治疗

疑诊为急性心肌梗死者,可给予以下处理:

(1) 密切观察血压、呼吸、心律、胸痛及神志等变化,及时给予相应处理。

(2) 吸氧,绝对卧床休息。宜用流质、半流质等易消化富含维生素食物,少量多餐。

(3) 保持大便通畅,避免大便时过度用力,便秘者可用开塞露通便或番泻叶 9 g 代茶。

(4) 止痛、镇静:可用杜冷丁 50~100 mg,肌肉注射,烦躁者用安定、异丙嗪(非那更)等药物。

(5) 苏合香丸:1 丸口含。

(6) 抗生素预防继发性感染,一般可用苦青 80 万单位,肌肉注射,每日 1 次。

(7) 出现室性早搏给予利多卡因 50~100 mg 静推,根据效果再酌情应用。

(8) 若有心力衰竭,必要时给予毒毛 K 0.25 mg,缓慢静注,还可用呋塞米(速尿灵)。出现心肌梗塞 24 h 内,最好用多巴胺、多巴酚丁胺。

(9) 若血压降低,可给予补充血容量,还可加用多巴胺等药物。

第二节　脑血管疾病、脑出血

一、脑血管疾病

脑血管疾病是由各种血管源性病因引起的脑部疾病的总称。该病是临床神经内科最常见的疾病,其致死率、致残率极高,可分为急性和慢性 2 种类型。急性脑血管病是一组突然起病的脑血液循环障碍性疾病,表现为局灶性神经功能缺失,甚至伴发意识障碍,称为脑血管意外或中风(脑卒中)。主要病理过程为脑梗死、脑出血和蛛网膜下腔出血,可单独或混合存在,亦可反复发作。慢性脑血管病是指脑部因慢性的血供不足,导致脑代谢障碍和功能衰退。其症状隐袭，进展缓慢，如脑动脉粥样硬化、血管性痴呆等。

病人表现为梗死部位相应的身体感觉、运动功能障碍，严重者可短时间内死亡。

入院前急救措施：

(1) 保全病人生命，防止病情恶化，预防后期感染或并发症。一旦病情允许，应迅速将病人抬上救护车，就近送往医院或专科医院接受继续治疗。取合理舒适体位，神志清醒病人采取半坐位，以利于脑部静脉血回流，减轻脑水肿。

(2) 严密观察病情，密切观察病人的瞳孔、意识、血压、脉搏、呼吸。

(3) 保持气道通畅，严防发生窒息。

二、脑出血

脑出血又称脑溢血，是指脑实质内大块出血。出血部位经常为大脑半球内基底节附近，其次为脑桥和小脑。脑出血多发生于中老年人群中，起病突然，常伴有不同程度的意识障碍和偏瘫。

(一) 病因

(1) 高血压、脑动脉硬化。

(2) 脑血管畸形、先天性动脉病、脑动脉炎、脑外伤、脑肿瘤内出血、血液病、应用抗凝药等。

(二) 临床表现

起病急，常在情绪激动后发生，少数病人有头晕、头痛、鼻衄等前驱症状。一般病人可突然跌倒，出现意识障碍，可伴有头痛、呕吐、抽搐、尿失禁、呼吸不规则，也可出现上消化道出血、急性肺水肿、高热、强直性癫痫。体格检查血压可超过 240/120 mmHg，常有一侧肢体瘫痪，面色潮红，口角歪斜，鼻唇沟变浅，两眼球偏向病灶侧，可有病理反射阳性。严重者可出现昏迷、瞳孔散大，继则呼吸、循环衰竭，心跳停止而死亡。

(三) 急救措施

(1) 安静卧床，头处高位并偏向一侧，尽量少动病人，烦躁不安者可给予安定，头置冰袋。

(2) 保持呼吸道通畅，清洁口腔，经常吸痰，吸入氧气。

(3) 降低血压改善脑循环，降低颅压改善脑水肿，分别采用利血平肌注及 20%甘露醇加地塞米松静注。

(4) 预防褥疮，经常帮病人翻身、拍背、按摩。

(5) 补充营养，维持水、电解质平衡：脑出血昏迷病人于 24 h 后，如无呕吐可鼻饲流质或静脉输液。

(6) 止血药：常用药物有氨甲苯酸、氨甲环酸(止血环酸)等。

(7) 出现尿路感染及肺炎时，需及时应用抗生素。

(8) 有上消化道出血时，除应用止血药物外，同时积极治疗脑水肿，以减轻丘脑下部受压。

第三节　高血压急症

高血压急症是指在原发性或继发性高血压患者，在某些诱因作用下，血压突然和显著升高（一般超过 180/120 mmHg），同时伴有进行性心、脑、肾等重要靶器官功能急性损害的一种严重危及生命的临床综合征。高血压急症包括高血压脑病、颅内出血（脑出血和蛛网膜下腔出血）、脑梗死、急性心力衰竭、肺水肿、急性冠状动脉综合征、主动脉夹层、子痫等。以往所谓的恶性高血压、高血压危象等均属于此范畴。

一、病因

（一）交感神经张力亢进

在各种应激因素（如精神严重创伤、剧烈情绪变化、过度疲劳、寒冷刺激、气候变化等）作用下，交感神经张力增大、血液中缩血管活性物质大量增加，诱发短期内血压急剧升高。

（二）肾脏急性受损

肾性高血压是继发性高血压中最为多见的，包括急、慢性肾小球肾炎，慢性肾盂肾炎（晚期影响到肾功能时）、肾动脉狭窄、肾结石、肾肿瘤等。

（三）血管急性病变

主动脉狭窄、多发性大动脉炎等。颅脑病变使颅内压增高也可引起继发性高血压。

（四）内分泌疾病

如嗜铬细胞瘤分泌儿茶酚胺急剧增加，或甲状腺疾病引起甲状腺素异常释放。

（五）心血管受体功能异常

常见于骤停高血压药物。

二、临床表现

突然起病，病情凶险。通常表现为剧烈头痛，伴有恶心、呕吐、视力障碍和精神及神经方面异常改变。

（一）血压显著增高

收缩压升高达 180 mmHg 以上和/或舒张压显著增高，可达 120 mmHg 以上。

（二）自主神经功能失调征象

面色苍白、烦躁不安、多汗、心悸、心率增快（>100 次/min）、手足震颤、尿频等。

（三）靶器官急性损害的表现

（1）眼底改变：视力模糊、丧失，眼底检查可见视网膜出血，渗出，视盘水肿。

（2）充血性心力衰竭：胸闷、心绞痛、心悸、气急、咳嗽，甚至咯泡沫痰。

（3）进行性肾功能不全：少尿、无尿、蛋白尿，血浆肌酐和尿素氮增高。

（4）脑血管意外：一过性感觉障碍、偏瘫、失语，严重者烦躁不安或嗜睡。

（5）高血压脑病：剧烈头痛、恶心和呕吐，有些患者可出现神经精神症状。

三、急救措施

（1）病人突然心悸气短，并且肢体活动失灵，有粉红泡沫样痰的时候，可能是急性左心衰竭，这时要让病人的双腿下垂，采取坐位，如果有氧气袋，可以使病人及时吸入氧气，同时拨打急救中心电话。

（2）如果病人的血压突然升高，有恶心、剧烈头痛、心慌、呕吐的现象，家人要多安慰病人，让他卧床休息，服用一些降压药缓解一下。另外服一些利尿剂、镇静剂等，可以缓解这种情况。

（3）如果病人在兴奋后发生心绞痛，有面色苍白、出冷汗的现象，要马上让病人休息，服用亚硝酸戊酯，同时吸入氧气，效果更好。

（4）如果病人在发病时有意识障碍，要让病人侧卧，以免呕吐时将呕吐物吸入气道。同时也要拨打急救中心电话。

四、预防

（1）尽量避免可能诱发血压急剧升高的因素，如情绪紧张、精神创伤、疲劳、寒冷、内分泌失调、停药等。

（2）高血压患者日常治疗中，应坚持服药，平稳降压，定期监测血压，注重对心、脑、肾、眼等重要器官的保护。

（3）日常生活中保持清淡饮食，禁高脂、高盐食品，避免饮咖啡、浓茶等刺激性饮品。

第四节　急性阑尾炎

一、临床表现

（1）转移性右下腹疼痛。这是急性阑尾炎的主要症状。70％～80％的病人有此典型疼痛。发病初期感觉上腹部或肚脐周围疼痛，数小时后疼痛转移至右下腹部，呈持续性阑尾腔内有梗阻，腹痛在持续性的基础上伴阵发性绞痛。

（2）胃肠炎症状。食欲减退，恶心呕吐是仅次于腹痛的常见早期症状。有时有便秘、腹泻，但较少。

(3) 全身症状。早期无明显全身症状或有体温轻度升高，一般在 38 ℃以下。如病变进一步发展或产生并发症，可出现高热伴中毒症状。

(4) 右下腹部固定压痛是最重要的体征。

(5) 反跳痛及腹肌紧张。在压痛部位用手缓慢地压下，然后将手突然放开，患者感到剧烈的疼痛称为反跳痛。腹肌紧张是腹壁肌肉发射性、保护性收缩，是一出现较晚的体征，当炎症严重或穿孔时，往往有明显腹肌紧张。

二、治疗

抗生素的应用：如链霉素 0.5 g 肌注，每日 2 次；四环素 0.5 g，每日 4 次。如中毒症状较重亦可静脉输入抗生素。

在非手术治疗过程中，应密切观察病情变化：

(1) 腹痛减轻还是加重。

(2) 右下腹压痛、腹肌紧张、反跳痛的程度加重还是减轻。

(3) 体温的变化。

若病情好转可继续保守治疗；若病情加重，则应尽早送医院手术治疗。在观察过程中，不能应用止痛剂，以免掩盖症状。有阑尾脓肿者应取半卧位。

第五部分

直升机遇险水下逃生

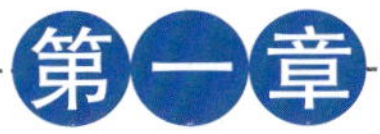

概　述

一、直升机在海洋石油作业中的应用情况

由于海上设施远离陆地，出海作业通常乘坐船舶或者直升机到达现场。海上作业人员乘船往返平台，一般时间较长，受海浪颠簸影响大，对人员身体消耗较大，到达平台后，有时不能及时进入生产状态，遇有人员伤病等紧急情况，更是无法及时处置。

随着海洋石油勘探、开发的发展，从事海洋石油作业的人员越来越多。海洋石油设施离陆地越来越远，直升机在海洋石油作业中应用越来越普遍，成了常用的交通工具。直升机具有以下优势：

(1) 直升机是非常成熟的交通工具，具有很高的安全性，甚至比一般的交通工具还要安全。

(2) 用直升机进行平台倒班，可能会比使用拖轮倒班更加经济。因为平台倒班人数一般不多，如果使用拖轮可能需要更多的时间和费用。

(3) 直升机能在任何场地上起降，低空悬停，反应迅速，特别在抢险救灾、抢救伤病员或因台风撤离时，往往要用到直升机。直升机具有行动迅捷、机动性强、受天气海况影响小、视野开阔搜寻范围大、救助成功率高等特点，是海上人命救助最高效的手段之一。

二、海上直升机的性能要求

由于海上通航作业的特殊性，从事海洋石油服务的直升机除了要具备一般直升机的性能外，还应具备自动灭火系统、应急漂浮装置、救生筏和较先进的防冰系统等。海上作业直升机需要长时间在海面低空飞行，海水的腐蚀作用会加快发动机、桨叶等关键部件的老化，所以从事海洋石油服务的直升机应具有较高的抗海水腐蚀性能。

目前，我国从事海洋石油服务的直升机主要有 S-76 系列直升机、S-92 大型直升机、EC225 直升机、超级美洲豹直升机和海豚直升机等。

三、掌握直升机安全知识的意义

直升机虽然具有很高的安全性，但是由于受环境、气候、人员、直升机及其设备和管理等因素影响，直升机在海上飞行存在很大的危险性。自 1978 年国内开始近海直升机服务以来，已发生多起事故，据统计 2005 年以前共发生 12 起事故，造成 39 人死亡。所以海上石油作业人员应熟知乘坐直升机的基本要求、一般步骤以及直升机遇险逃生技能，并充分认识直升机飞行中所面临的危险，增强遇险后进行正确逃生的信心。

第二章 直升机基本知识

第一节　直升机的结构和种类

一、直升机的结构

直升机是一种旋翼航空器，主要由机体和升力（含旋翼和尾桨）、动力、传动三大系统以及机载飞行设备等组成（见图 5-2-1）。它的升力和前进的动力由发动机带动旋翼提供。旋翼一般由涡轮轴发动机或活塞式发动机通过由传动轴及减速器等组成的机械传动系统来驱动，也可由桨尖喷气产生的反作用力来驱动。

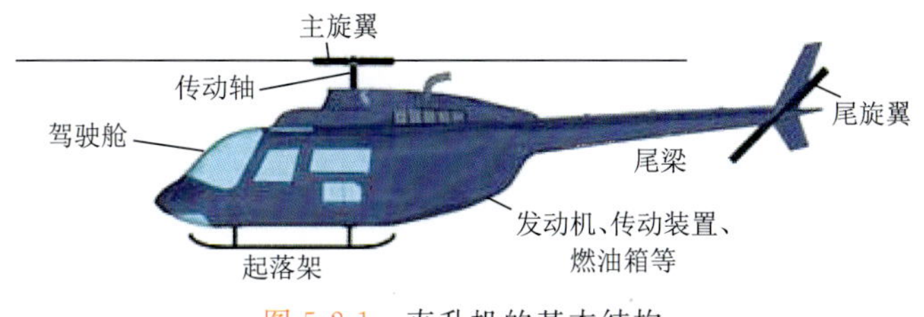

图 5-2-1　直升机的基本结构

二、直升机的种类

直升机按构造可分为 2 类：单旋翼带尾桨式和双旋翼式。单旋翼带尾桨式直升机（见图 5-2-2）是目前最流行的形式。这种直升机顶部有一个大的旋翼，在尾梁上装一个尾桨，尾桨的作用是平衡由于旋翼旋转而产生的使机身逆向旋转的扭矩。优点是构造简单、操纵系统简单、成本较低，缺点是尾桨造成功率损失、尾部长、尺寸大。目前还有一种单旋翼无尾桨直升机（见图 5-2-3），它靠水平旋翼提供飞机升力，并从尾部吹出空气，用附壁效应产生的推力抵消旋翼的反作用力。

图 5-2-2　单旋翼带尾桨式直升机

图 5-2-3　单旋翼无尾桨式直升机

双旋翼直升机有多种形式，有 2 个旋翼共轴的（见图 5-2-4）和 2 个旋翼交叉的（见图 5-2-5），有 2 个旋翼横列的（见图 5-2-6）和 2 个旋翼纵列的（见图 5-2-7）。它们的共同点是有 2 个旋翼，并且 2 个旋翼的旋转方向相反，从而使旋翼的反作用力矩相互抵消保持机身不动。目前以纵列式的使用较多，即 2 个旋翼沿机身长度方向排列，它的重心移动范围大、机身长，可以把直升机做得很大。

图 5-2-4　双旋翼共轴式

图 5-2-5　双旋翼交叉式

图 5-2-6　双旋翼横列式

图 5-2-7　双旋翼纵列式

直升机按最大起飞质量分为 5 类，即小型直升机、轻型直升机、中型直升机、大型直升机和重型直升机，简称小型、轻型、中型、大型和重型（见表 5-2-1）。

表 5-2-1　直升机按最大起飞质量的分类

类　别	小　型	轻　型	中　型	大　型	重　型
最大起飞质量/kg	<1 280	1 280～3 180	3 180～9 080	9 080～19 980	>19 980

直升机按用户不同可划分为公用、准公用和纯民用 3 类。公用即军用；准公用大抵等于警用，如执法、消防和救援；其余是纯民用。通常将准公用和纯民用通称为民用直升机。所以直升机按用户可简单划分为军用直升机和民用直升机。

国产民用直升机拥有 1 t 级 AC310 民用直升机、2 t 级 AC301A 民用直升机、6 t 级

AC352 民用直升机、13 t 级 AC313 民用直升机。AC313 型用于货物运输时，舱内最多可载货 4 t，或外部吊运 5 t；用于人员运输时，最多可载乘员 27 名，或运送 15 副担架和 1 套医务人员座椅及工作台。

第二节 直升机的安全设备

目前为海上作业提供飞行服务的直升机型号各不相同，所搭乘乘员人数、机载重量也不一样，但这些直升机都必须配备包括浮筒、救生筏、救生衣、救生包、安全带、手提式灭火器等在内的救生设备。一般直升机的座舱进出口包括 4 个舱门。乘员在乘坐直升机前，必须对直升机的性能、结构以及所配置的救生设备有一个全面的了解，才能在意外事件发生后保证自身的安全。

一、救生筏

从事海上飞行的直升机一般都配有 2 个救生筏（见图 5-2-8），它的功能结构及使用方法与平台、船舶上所配备的救生筏一样，一般放置在飞机内紧靠门窗的位置。在逃生时，最靠近救生筏的乘客或机组人员一定要将救生筏抛投出去，并拉动充气拉绳给救生筏充气成形（见图 5-2-9）。

图 5-2-8 救生筏充气前

图 5-2-9 救生筏充气后

二、救生衣

直升机上的救生衣均为充气式救生衣，按每人一件（包括机组人员及乘员）配置，平时不用时可折叠收藏。它有 2 个独立的储气室，如果其中一个气室出了问题，余下的一个气室仍能正常工作。每个储气室均配有一个内装二氧化碳（或氮气）的小瓶，只要拉动开关则可自动充气。每个气室还带有装着单向阀的吹气管，以备出现气瓶故障或气瓶充气不足时进行人工充气。救生衣的前后片是对称的，并贴有反射带。救生衣一般为橙黄色，还配有一个哨子。

上飞机前，工作人员给每位乘客发一件救生衣，离开飞机后返还给工作人员。绝对不能在机舱内给救生衣充气，因为：

（1）充气后救生衣体积增大，不利于人员从机舱内逃出。

（2）充气后救生衣产生了浮力，落水后人员可能会在机舱内浮起来，后果是落水人员将很难潜入水中从窗口钻出来。

（3）穿着充满气的救生衣从机舱内钻出来时，很容易将救生衣划破，使救生衣失去浮力功能。

充气前后的救生衣分别如图 5-2-10 和图 5-2-11 所示。

图 5-2-10　救生衣充气前

图 5-2-11　救生衣充气后

三、保温救生服

一般在水温低于 10 ℃的海域飞行，直升机上必须配备有供机上所有人员使用的保温救生服（见图 5-2-12）。这种救生服的特点是简便易用，具有一定的保暖作用。保温救生服的性能要求包括：

（1）可穿在外套的外面。

（2）保证水密。

（3）具有保温、隔热作用。

（4）具有浮力：能将筋疲力尽或失去知觉人员的嘴部托出水面 12 cm，并在 5 s 内从脸部朝下姿势翻转成脸部朝上姿势。

（5）带有属具灯和警哨。

登机前应检查保温救生服是否有破裂现象，手套、吊钩、拉链是否完好，尺寸是否合适等。

注意：严禁在机舱内戴上手套。

图 5-2-12　保温救生服

四、救生包

直升机上的救生包（见图 5-2-13）包含以下物品：饮水淡化剂、药剂、驱鲨剂、应急电台、信号枪、小刀、彩色信号弹、烟雾筒和食品等。救生包主要于紧急情况发生后使用。

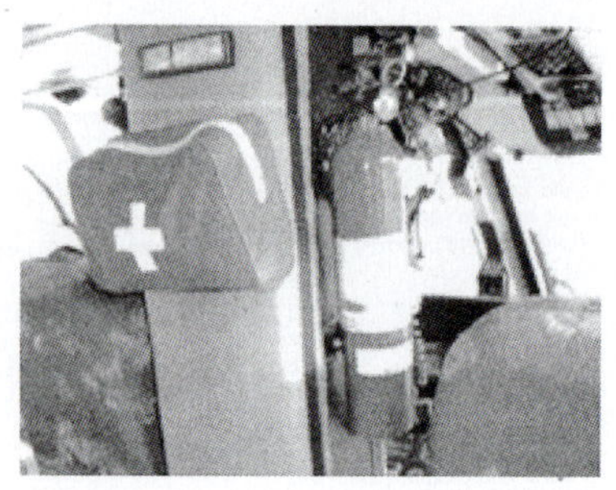

图 5-2-13　救生包

五、安全带

直升机上每个座位都配有安全带(见图 5-2-14),乘飞机时安全带要从始至终系好。收紧安全带后,要把多余的带子别好。安全带务必佩戴正确,以保证在逃生时能够很容易把安全带打开。

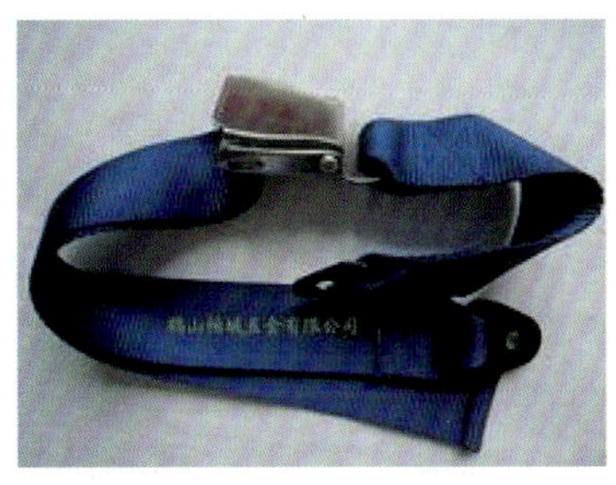
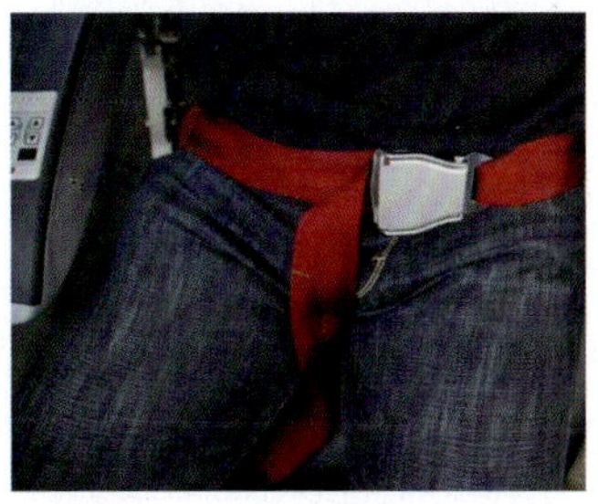

图 5-2-14 安全带

六、机舱灭火器

机舱内配有 2 个小型的手提式灭火器(见图 5-2-15),可以用来扑灭机舱内的小型火灾。一个装在主驾驶员的座椅侧面,一个放在第一排座椅的下面。

图 5-2-15 机舱灭火器

七、发动机灭火器

在飞机发动机旁边,有 2 个大型的灭火器,由飞行员控制,可以扑灭发动机的火灾。如果火灾发生,最好的扑灭机会就是飞行员可以用随机携带的固定灭火系统去灭火。如果这种方式无效,那么全体机组人员就必须采取行动来灭火。

八、防噪声耳机

每个座位上都配有防噪声耳机(见图 5-2-16)。戴好防噪声耳机,可以避免直升机的噪声对耳朵造成伤害。

九、应急门窗

直升机上所有的门窗都是应急门窗(见图 5-2-17)。登机以后,一定要看明白应急门窗的抛放方法,保证在逃生的时候会使用。抛放开关一般由 1 个开关和 1 个保险组成,在开关下面有图示说明。

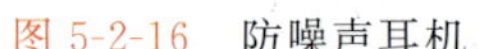

图 5-2-16　防噪声耳机

图 5-2-17　应急门窗

十、浮筒

海上作业的直升机都配置有 4 个浮筒(见图 5-2-18),包括 2 个主浮筒和 2 个前浮筒,当直升机需要迫降到水面时,通过飞行员操作,打开浮筒,飞机就可以迫降到水面。当迫降到水面后,乘客应投放救生筏,迅速离开飞机转移到救生筏上等待救援。

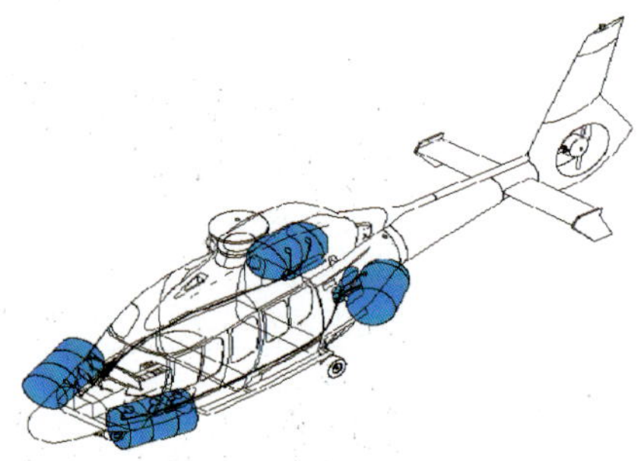

图 5-2-18　浮筒

直升机的登乘及飞行安全

根据对直升机事故案例的分析，绝大部分事故是人为因素引起的，所以有必要掌握一定的乘机安全知识，以降低事故的发生率，特别是杜绝人为因素引发的事故。

第一节　登乘基本知识

一、登机前

（一）登机通知

登机前一天乘客会接到登机通知，要按时到达机场。登机前应注意休息，保证在乘机过程中有良好的精神状态。

（二）登机登记表

登机人员需要填写一份登记表，要严格按要求填写，字迹清楚。

（三）登机前安全教育

每个乘客在登机前都必须进行乘机安全学习。每次学习都是乘客安全乘机的可靠保证。另外，飞行前飞行员或相关工作人员还会以简短的语言、生动的多媒体画面及实际操作等形式给乘客介绍机上的安全设备及应急行动步骤。这对乘客遇险逃生有着重要的实际意义。

（四）登机前安全检查

主要检查登乘人员是否将违禁物品带上直升机。这些违禁物品主要按以下有关规定进行划分：

（1）根据中国民航有关规定，严禁携带下列物品：枪支、弹药、军械、警械、管制刀具、爆炸物品、易燃易爆物品、剧毒物品、放射性物品、腐蚀性物品、危险溶液等。

（2）根据国际石油工业勘探和生产论坛《航空器管理指南》的说明，禁止乘客携带的危险品或限制品如下：黏结剂、烟雾剂、酒精类、罐装饮料类、打火机、药品（处方药除外，但在办理登机手续时交出，以便安全运输、记录，到达后发还。乘客返回陆上时应经过相似的程序)、爆炸物和烟火、火器和弹药，可燃气体和液体、催泪气体和一硫化碳气体、磁性材料、火柴、润滑油和油脂、油漆和溶剂、抑制剂和除草剂、农药和杀虫剂、放射性材料、带电池的收音机和播放器(除非电池已去掉)、武器(包括刀具和长于 3 in 的刀片)等。

(3) 其他要求。

除了上述传统的违禁物品以外，由于现代科学发展越来越快，会有更多的新产品、新材料出现，而这些新产品、新材料在日常工作生活中虽然没有任何危险性，但上了飞机有可能有影响。比如手机就不能在飞机工作时使用。因此“如果你从未带过某物品上直升机或你认为某物品不太安全时，请向工作人员或飞行员申报”。

(五) 人员及物品称重

所有登机人员及物品都必须进行严格称重。直升机绝不允许超载飞行。

二、安全区域的划分

直升机一般有 2 个螺旋桨，在登机时，一般都在转动。其中，动力螺旋桨最低距离地面 180 cm，尾轴螺旋桨最低距离地面 140 cm，它们对登机人员的安全构成了极大威胁。实际上，绝大部分的事故来自尾轴螺旋桨。因此，把直升机前部及尾部螺旋桨区域定为危险区域，尾部其他区域定为警告区域，直升机的两侧为安全区域(见图 5-3-1)。

图 5-3-1 安全区域的划分

三、登机要领

(1) 集体行动。
(2) 注意安全区域的划分。
(3) 低头弯腰上飞机。
(4) 保证所有的穿戴物品不会被风吹走。
(5) 选择正确的登机路线。
(6) 不要携带任何物品到客舱(物品由工作人员放到货舱)。
(7) 乘客座位应听从安排，一般要考虑直升机减少震动和释放救生筏。

四、遇到下列情况不准靠近直升机

(1) 飞机正在加油。
(2) 飞行员不在场。
(3) 飞机正在滑动。

五、注意事项

(1) 未经允许严禁接近或离开直升机。

(2) 只能从直升机的正侧方接近,永远不从前方或后方靠近。

(3) 无论何时,登乘直升机都要遵循地面工作人员和机组人员的引导。海上平台飞行作业不停机时,乘机人员接近或离开直升机必须征得飞行员同意,并在飞行员的视线内,由直升机起降指挥官打开或关闭直升机舱门,并在他的指引下接近或离开直升机。

(4) 永远视直升机旋翼在转动。

第二节 影响飞行安全的主要因素及注意事项

一、主要因素

数据表明直升机发生事故的概率远大于固定翼飞机,总结以往的案例,影响乘客安全的因素除直升机本身的机械故障外主要还有以下几种:

(一) 气候因素

(1) 飞行气流。

直升机飞行时会受到大气流的影响,遇热气流时上升,遇冷气流时下降,甚至会猛烈振动,直接影响乘客的精神状态,甚至使乘客的行为失控。

(2) 恶劣的天气。

对飞行影响较大的气象有云、雾、降水、烟、霾、风沙和浮尘等,都可使能见度降低,造成视程障碍,对飞机的起飞、飞行和着陆造成困难。

(二) 场地设施因素

海上石油设施与基地之间的人员及物资运输过程中,由于直升机的起降地点位置特殊,面积较小,因此场地设备等因素极大地制约了直升机起降以及登乘的安全性。

有些平台为半潜式平台,容易摇摆,而且海上的风一般较大,导致平台的摇摆幅度更大,这些因素都会直接影响上下直升机的安全。

直升机平台一般设有防滑网,要避免滑倒或摔倒,保证上下直升机的安全。

(三) 人为因素

(1) 精神状态不佳。许多乘客,特别是年轻的乘客,在登机前往往比较兴奋,缺少休息,精神状态不稳定,不是太兴奋,就是太压抑,行为失控,这样就可能做出一些有损飞行及自身安全的行为。

(2) 身体不适。生病或其他原因引起身体不适,还可能引起恶心、呕吐、晕机等症状,会对乘坐直升机造成一定影响。感冒流涕和鼻塞以及某些疾病的病人最好不乘坐飞机,因为飞机起飞、降落、上升、下降、转弯、颠簸等飞行姿态的变化，以及飞机在穿越云层时光线明暗的快速变化，会刺激这些疾病的发作，比如造成鼓膜穿孔等危险。

（3）晕机。有些人平衡器官容易紊乱，身体适应较差，乘机时晕机呕吐。有严重晕机倾向的乘客，应采取以下预防措施：乘机的前一天晚上睡眠休息要保证充足；应在飞机起飞前 1 h，至少也要提前半小时口服晕机宁；尽量挑选距发动机较远又靠近窗的座位，能减少噪声和扩大视野；还可以做些转移注意力的事情，如看书、聊天、听音乐等；保持空间定向是十分重要的；视线要尽可能放远，看远处的云和山脉河流，不要看近处的云；发现左右相邻的旅客有迹象要呕吐时应立即离开现场，避开视线，防止因条件反射造成呕吐。

（4）饮酒。酒精对人体的影响随飞行高度的增加而加重，饮同量的酒在地面可不出现或仅出现轻微的症状，而在高空则会出现严重的症状。这是因为：由于高空气压下降，血液中酒精的实际浓度比地面的高，酒精对神经系统的作用也远比地面上严重；酒精减弱呼吸及气体交换，使肺泡及动脉氧分压下降，血氧饱和度降低；酒精及代谢产物妨碍氧的运输，对氧的利用率降低，容易产生饮酒后低血糖；酒精与缺氧具有协同作用，在地面饮 100～150 g 酒，上升到高空可相当于 200～250 g 酒的作用。此外，酒精还可导致人体的心理和生理功能失调，以及对加速度耐力的降低，这些都会带来不利影响。

因此，在乘机前 24 h 内应少饮酒或者不饮酒，即使万不得已，也应将饮酒量控制在平常的 1/3 以下，以便平安、健康地航行。

（5）激动兴奋。特别是回家时，由于在平台上已经工作了很多天，终于可以倒班回家，马上就能与家人团聚，当然是值得高兴的事情，不过过于高兴和兴奋可能会影响上下直升机的安全。

（四）噪声

直升机上的噪声很大，可能会影响乘客的控制能力。

二、注意事项

（一）吸烟规定

在直升机中任何时候均禁止吸烟。

（二）酒精与药物

被酒精和药物影响的人员不能乘坐直升机，除非在医务监督下执行。直升机值机员应经过识别酒精和药物征象的培训，并获得认可。

（三）便携式电子设备的使用

（1）在飞行机组成员允许的情况下使用。

（2）在起飞和降落期间应关闭便携式电子设备。

（3）在起飞之前，关闭任何无线电通信网络（如 Wi-Fi、GPRS 等），并且在飞行期间一直保持关闭。

第三节 直升机飞行的行动要求

一、正常飞行时的行动要求

(1) 始终扣上安全带及穿着救生衣,在必要时,帮助其他人正确使用救生衣、安全带,在直升机内,严禁给救生衣充气。

(2) 飞行期间禁止吸烟。

(3) 不得随便更换座位或在机舱内走动。

(4) 禁止触摸任何控制装置。

(5) 自始至终不得打开舱门。

(6) 禁止使用任何电子设备,以免干扰导航设施的正常运转。

(7) 发现异常情况应立即报告飞行员。

(8) 任何时候都必须服从驾驶员的指令。

(9) 认真阅读直升机的各种标志、指令,看清紧急出口及设备的位置,检查个人对下一步行动的准备情况。

(10) 直升机着陆后,必须等驾驶员发出可以离开的信号之后,才可解开安全带。

(11) 直升机降落,飞行员打开舱门之后,所有乘客解开安全带,脱下救生衣,摘下听觉保护用品,有秩序、缓慢地离开直升机。

(12) 所有甲板引导人员和机组人员必须明确先下乘员再卸行李和货物,先上乘员再装行李和货物的操作步骤。

二、不正常飞行时的行动要求

当直升机处于不正常状态下飞行时,飞行员有义务通过广播或手势通知乘客,以便乘客做出适当的反应。当直升机准备迫降时,应按以下程序进行:

(1) 取下眼镜、重靴、松动的假牙和任何锋利的物品。这些物品在直升机迫降时可能导致乘客受伤。

(2) 查看应急门窗的位置及操作方法。

(3) 在没有得到命令和水完全浸满机舱前,不要试图打开应急出口。

(4) 做好准备迫降的保护姿势(见图 5-3-2)。

① 乘坐姿势与飞机飞行方向相同时:

a. 采用弯腰双手抱膝,尽量将身体抱成一团的姿势,可以减小身体面积,避免直升机迫降时可能产生的物品打击。

b. 也可采用一只手抓牢反向肩膀,将头搭在手臂上,护住面部,另一只手撑住反向膝盖,身体向前倾的保护姿势。

② 乘坐姿势与飞机飞行方向相反时，应采用双手扣住平展，放在头后枕部，身体挺直，后背部紧贴椅背。

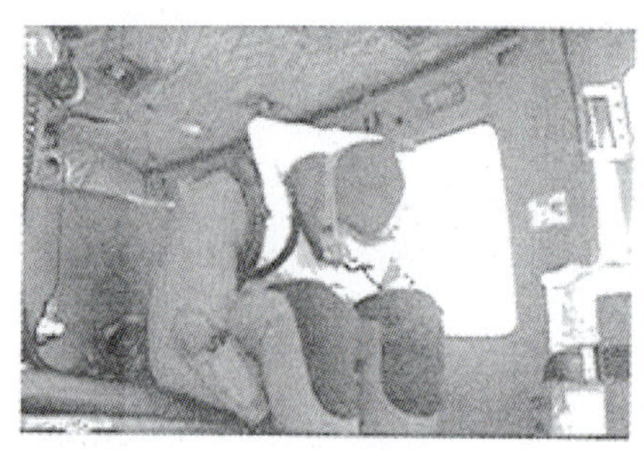

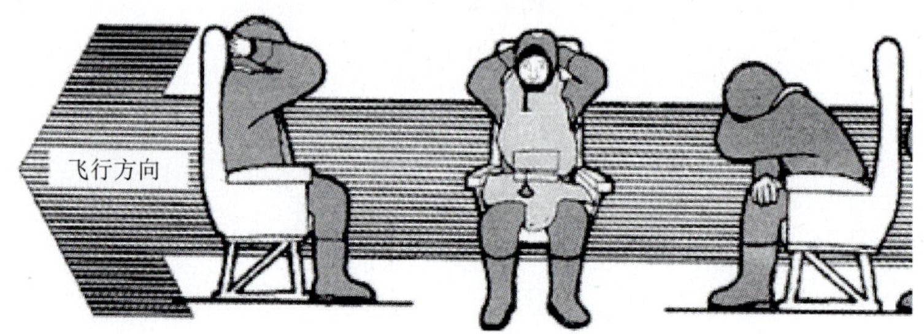

图 5-3-2　迫降保护姿势

(5) 逃生的先决条件。

① 飞行员的命令。

② 机舱乘务员的命令。

③ 预警红绿灯发亮。

④ 蜂鸣器信号响。

⑤ 水完全浸满机舱。

如机上没有乘务员，则可由飞行员指定一位乘客戴上耳机进行联系。应尽可能选择熟悉直升机操作和有威望的乘客担任此角色。这位被指定的乘客将担负以下责任：

(1) 传达所有来自飞行员的命令。

(2) 检查乘客是否都按照标志上系紧安全带、禁止吸烟的要求做了。

(3) 维持飞行中的安全和秩序。

(4) 飞行迫降到水面时，投放救生筏。

(5) 接飞行员的指令后迅速撤出全部人员。

(6) 撤出前尽可能多地收集安全和救生设备。

直升机遇险逃生

如果直升机失控，所有乘员应立即做好逃生准备。在直升机下冲开始后，机组人员通常指示乘客采取相应行动。至于如何行动则取决于迫降地点是陆地还是水面。

第一节　紧急迫降

一、陆地迫降

陆地迫降主要的危险是火灾，所以，紧急逃生的步骤应是尽快安全地从平时的出口疏散机上所有人员。如有必要则打开全部其他紧急出口帮助疏散。乘客则应采取下列行动：

（1）从平时的出口离开直升机。

（2）离开机体前查看旋翼状态和出事地点情况。

（3）保持在上风和高处位置。

（4）把人员集合在一起。

（5）处理伤员。

（6）如果条件允许积极抢救其他遇险人员。

（7）携带直升机上的救生设备。

（8）找寻避难处所并制订下一步行动计划。

以上行动均由机组人员进行统一指挥，如机组人员不能履行职责，则由乘客自行行动。

二、水面迫降逃生

直升机在迫降到水面前，先由飞行员给救生浮筒充气，并在螺旋桨完全停止后，才能在机组人员的组织下投放救生筏且迅速登筏。登筏过程中机内人员要注意保持直升机的平衡。如无必要，不要跳入水中。迫降期间，乘客应采取下列行动：

（1）收紧安全带，坐在原位置上。

（2）做好直升机倾覆前的准备。

（3）观察机组人员投放救生筏的行动。

（4）迅速有序移动到救生筏上。

（5）进入救生筏后互相帮助和检查配备品。

此外，还应注意自我保护。放出海锚，有多个救生筏时将它们连接在一起，服用晕船药，处理伤员，关闭顶篷门，检查救生筏是否破洞，检查应急物品，擦干净筏内底部，给筏底气室充气。

指示所在位置。打开示位灯开关，检查救生筏和救生衣上的灯，准备好日光信号镜、烟火信号和火箭信号。

第二节　水下逃生

在海域上空飞行时，如果直升机出现故障后迫降不成功，就会发生坠海事件，机舱内可能很快进水，由于直升机的重心在飞机顶部，当水进到一定程度时，直升机就会翻覆。但由于重心的原因，直升机只翻转 180°，过程很短，大约只有 10 s，此时应尽快撤出。乘客只要保持冷静，按以下步骤行动，就很容易从翻覆的机舱内逃生。以下是直升机水下求生过程中应采取的行动：

（1）注意应急出口的位置。这是每位乘客登上直升机后就应该立即去做的事情，同时要了解和掌握应急门窗的打开方法，以便在发生紧急情况时顺利从直升机内部逃离。

（2）抓住出口的框边。如果坐在应急出口的旁边，则用一只手抓住应急出口的框边（另外一只手抓住安全带开关）。这样做的目的是提前确定逃生的位置，以便在直升机翻覆后能及时确定方位和迅速逃离直升机。

记住，手抓住的位置是逃生的唯一参照物。不管直升机从哪个方向翻覆，你都与直升机同步翻覆，只要从抓住门框位置出去，就逃出了机舱。因此，无论在任何情况下都不能松开抓住门框的手。

（3）深吸一口气。当水淹到下巴以前，深吸一口气，然后把头埋在水中。在水中，一定要睁开眼睛，海水对我们的眼睛是没有任何伤害的。

（4）保持不动。坐着不动，直到所有猛烈的旋转停下。当直升机坠入水中后，由于直升机顶部螺旋桨重心的作用，直升机会在极短的时间内翻覆，但螺旋桨由于惯性的作用，仍可能继续做短时间的旋转，此时，整个直升机机体和螺旋桨均处于运动状态，乘客从机舱内撤离是相当危险的。因此，必须在所有的旋转运动完全停止后才能离开机舱。

（5）解开安全带。另外一只手抓住安全带开关，逃离机舱时，要打开安全带。

记住，要把开关打开到最大的角度。如果没有找到安全带开关的位置或没有按照规范操作打开安全带开关，则无法顺利逃离直升机，甚至会危及生命。

（6）打开门窗。直升机上所有的门窗都是应急门窗，靠近门窗人员应该按照应急门窗抛投的方法，迅速打开门窗。

（7）爬出门窗。用手轻拉门框，两脚并拢，逃出机舱。一定尽快从座位划水到应急出口，避免过大的游泳动作，任何过大的游泳动作都容易使乘客受伤（提示：人在水中钻过一个很小的洞，要比在陆地上容易得多，因为在水中不需要克服重力）。

（8）离开机舱后再给救生衣充气。在离开机舱前，不论发生何种情况都不允许给救生衣充气。这一点必须牢记，因为救生衣充气后，乘客会随着进水量的增加浮于机舱水面，有可能头部会碰上机舱顶部，同时乘客要想重新潜入水中从应急出口逃离机舱会变得比较困难。其次是穿着充气的救生衣，身体体积增大，增加了从应急出口逃出的难度。因此，乘客只有在逃离机舱后才能给救生衣充气。